# CALCULUS

곤노 노리오 지음

본질을 이해하면 술술 풀리는 계산

## 곤노 노리오

1957년 도쿄 출생. 1982년 도쿄대학 이학부 수학과 졸업. 1987년 도쿄공업대학 대학원 이공학연구과 박사 과정 단위취득 퇴업. 무로란공업대학 수리과학 공통강좌 조교수, 코넬대학 수리과학연구소 객원연구원을 거쳐, 현재 요코하마국립대학 대학원 공학연구원 교수로 재직하고 있다. 주요 저서는 『統計学 最高の教科書 통계학 최고의 교과서』·『数はふしぎ 숫자로 배우는 초보 수학』·『ざっくりわかるトポロジー 한 권으로 알 수 있는 토폴로지』·『マンガでわかる多彩ネットワーク 만화로 배우는 복잡한 네트워크』〈SBクリエイティブ〉, 『図解雑学 確率 도해 잡학 확률』〈ナツメ社〉, 『図解雑学 確率モデル 도해 잡학 확률 모델』〈ナツメ社〉 등이 있다. 『Newton』〈ニュートンプレス〉의 감수 등도 맡았다.

제가 초등학생이던 시절 조부모님 댁에 갈 때면 아버지는 종종 저를 도쿄역 근처의 백화점에 데려가 주셨습니다. 당시 백화점 마술 용품 매장에 가면 판매원분들이 직접 마술 시연을 보여주셨는데, 저는 그 모습이 아직도 선명하게 기억납니다. 간파할 수 없는 트릭이 너무 신기해서 입을 벌린 채 한참을 구경했으니까요. 덕분에 저는 백화점에 가는 것이 가장 즐거웠습니다.

마술 용품은 제법 비쌌지만 부모님이나 조부모님께 조르면 가끔 사주시기도 했습니다. 그런 날이면 저는 신이 나서 집에 돌아오자마자 트릭을 알아내려고 애썼지요. 하지만 트릭의 원리가 생각보다 단순했을 때는 크게 실망하고 말았습니다. 물론 '와, 이건 생각도 못 했어!' 하고 감탄할 만한 트릭도 있었답니다. 그런 트릭들은 직접 연습해 가족들 앞에서 선보이곤 했지요. 그때의 기억은 지금도 그리운 추억입니다.

TV 프로그램 같은 것을 보다 보면 어린 아이들이 어려운 미적분 계산 문제를 술술 푸는 모습이 종종 나옵니다. 그걸 보고 천재라며 감탄하면서도 한편으로는 '무슨 트릭이 있겠지' 하는 의심을 하신 적은 없나요?

사실 미적분 계산은 이론을 완벽하게 이해하지 못해도 쉽게 할 수 있습니다. '마술'과 비슷한 트릭이 있기 때문입니다.

계산 문제를 쉽게 푸는 아이들은 과연 미적분의 개념도 잘 이해하고 있을까요? 그것은 직접 묻기 전에는 모르는 일입니다. 하지만 미적분을 개념부터 제대로 이해한 상태에서 계산까지 할 수 있는 것과 개념을 모른 채 계산만 할 수 있는 것은 차이가 큽니다.

이 책에서는 그 차이를 명확하게 밝혀나갈 것입니다. 제1장과 제2장에서는 '미분의 개념과 계산 방법'을, 제3장과 제4장에서는 '적분의 개념과 계산 방법'을 설명합니다. 제2장에서는 미분을, 제4장에서는 적분을 사용한 구체적인 문제에 도전할 예정이니 기대하셔도 좋습니다. 더불어 이 책은 1998년에 출판한 『図解雑学わかる微分・積分 도해 잡학 알기 쉬운 미분·적분』〈ナツメ社〉을 대폭 수정한 것입니다.

마지막으로 이 책이 출판되기까지 크게 애써주신 과학서적편집부의 이시이 겐이치 담당자님께 깊은 감사의 말씀을 전합니다.

곤노 노리오

## 제2장 미분을 해보자

## 제3장 적분이란?

## 제4장 적분을 계산해 보자

# 제1장

# 미분이란?

이 장에서는 먼저 미적분의 기초인 **그래프와 함수**에 대해 배운다. 그런 다음 극한의 개념을 이해하고, 극한을 사용해 함수의 기울기를 구체적으로 구한다.

마지막으로 접선의 기울기와 미분의 관계에 대해 알아본다.

# 2차원 좌표란?

두 수의 조합을 점으로 나타낸 것

---

2차원 좌표란 수직선 두 개를 원점에서 90도로 교차시킨 것이다. 여기서 수직선은 원점(영점)과 같은 기준점으로부터 얼마나 떨어져 있는지 알아보기 쉽게 나타낸 선이다.

이것을 사용하면 두 수의 조합을 점으로 표시할 수 있다. 예를 들어, 수의 조합을 (○, ▲)라고 하면 원점으로부터 가로로 ○칸, 세로로 ▲칸 이동한 곳에 점을 찍는다.

가로 방향과 세로 방향의 수직선에는 각각 이름을 붙여 x축, y축 혹은 x좌표, y좌표라고 부른다. 단순히 가로축, 세로축이라고 부를 때도 있다.

두 수의 조합은 무엇이든 상관 없다. 만약 시간과 위치의 조합이라면 물체의 움직임을 한 눈에 알 수 있을 것이다.

수직선을 사용하면 하나의 선 위에 점을 여러 개 그려야 하기 때문에 한 눈에 알아보기가 불편하지만 2차원 좌표를 사용하면 한결 알아보기 쉬워진다.

또 2차원 좌표를 사용하면 두 점의 관계를 도출할 수 있다. 실제 조사한 결과를 바탕으로 그린 점들의 모임을 통해 다양한 분석이 가능하다.

이 밖에도 2차원 좌표는 여러 방면에서 사용된다. 가령 특정 위치를 '역에서 동쪽으로 ○km, 북쪽으로 ○km'로 설명했을 때 역을 원점, 동쪽을 가로축, 북쪽을 세로축으로 해서 2차원 좌표로 표시하면 그 위치를 바로 위에서 본 듯한 느낌이 된다. 또한 사람들의 신장과 체중을 조사해 신장을 가로축, 체중을 세로축으로 하고 2차원 좌표 위에 점을 찍어 나가면 그 둘의 관계를 알 수 있다. 이처럼 2차원 좌표의 쓰임새는 아주 다양하다.

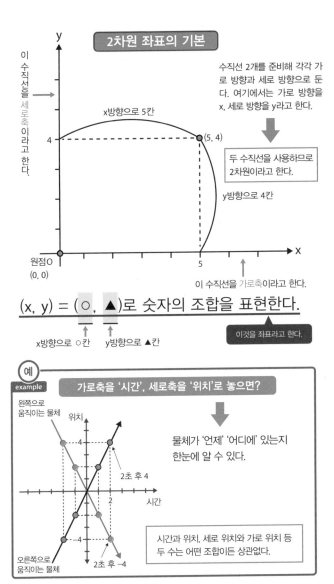

## 2차원 좌표의 기본

y

이 수직선을 **세로축**이라고 한다.

x방향으로 5칸

(5, 4)

4

y방향으로 4칸

원점O
(0, 0)

5

x

수직선 2개를 준비해 각각 가로 방향과 세로 방향으로 둔다. 여기에서는 가로 방향을 x, 세로 방향을 y라고 한다.

두 수직선을 사용하므로 2차원이라고 한다.

이 수직선을 **가로축**이라고 한다.

(x, y) = ( ○ , ▲ )로 숫자의 조합을 표현한다.

x방향으로 ○칸    y방향으로 ▲칸

이것을 좌표라고 한다.

**예**
example

## 가로축을 '시간', 세로축을 '위치'로 놓으면?

왼쪽으로
움직이는 물체

위치

4

2초 후 4

2

시간

−4

2초 후 −4

오른쪽으로
움직이는 물체

물체가 '언제' '어디에' 있는지 한눈에 알 수 있다.

시간과 위치, 세로 위치와 가로 위치 등 두 수는 어떤 조합이든 상관없다.

# 그래프란?

### 미적분에서 선 그래프를 사용하는 이유

---

그래프(graph)란 '그림표'나 '도표'라는 뜻이다. 다시 말해 수치를 눈으로 보고 알 수 있도록 나타낸 그림이다.

그래프에는 오른쪽 페이지와 같이 여러 종류가 있는데 미적분에서 자주 사용하는 것은 선 그래프이다. 선 그래프는 많은 점을 모아 선으로 만든 것이라고 이해하면 된다.

예를 들어 일정한 속도로 움직이는 물체가 있다고 하자. 먼저 '물체가 1초마다 어디에 있는지'를 파악하기 위해서 수직선 위에 여러 개의 점을 찍는다.

그 다음에는 2차원 좌표 위에 시간과 위치를 수의 조합으로 표시한다. 여기서는 1초마다 점을 찍고 그것을 선으로 연결하는 형태로 나타냈다.

여기에 중요한 포인트가 숨어 있다.

이번에는 지금 원점에 있는 물체가 1.5초 후에 어디에 있을지 생각해보자. 1초마다 오른쪽으로 2칸씩 움직이는 물체라면 원점에서 오른쪽으로 3칸 떨어진 곳에 위치하게 된다.

예시에서는 '정확히 1초마다 어디에 있는가'하는 것만을 문제로 삼았지만 현실에서는 그동안에도 물체가 조금씩 계속 움직이고 있다는 사실을 잊어서는 안 된다.

그래서 등장하는 것이 선 그래프이다.

선 그래프는 모든 시간을 대상으로 시간과 위치의 관계를 그려 나타낸 것이다. 그렇기 때문에 어떤 시간에 물체가 어디에 있는지 궁금할 때는 해당 시간의 축에서 그래프를 향해 직각으로 선을 긋고, 선과 그래프가 만나는 점에서 위치 축으로 다시 수직선을 그으면 물체의 위치를 알 수 있다.

○ 그래프란 수치를 직선이나 곡선 등을 사용해 한눈에 알기 쉽게 나타낸 것

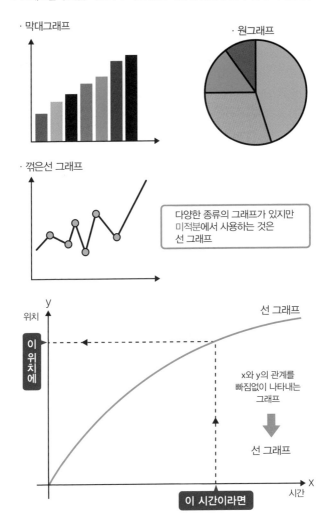

· 막대그래프

· 원그래프

· 꺾은선 그래프

다양한 종류의 그래프가 있지만
미적분에서 사용하는 것은
선 그래프

위치

y

선 그래프

이 위치에

x와 y의 관계를
빠짐없이 나타내는
그래프

선 그래프

이 시간이라면

시간

x

# 함수란? ①
## 두 집합 사이의 관계

그래프 다음에 등장하는 것은 함수이다. 함수라는 말을 들으면 어렵게 느껴질 수도 있겠지만 함수와 미적분은 떼려야 뗄 수 없는 관계에 있다. 그래프를 제대로 분석하려면 함수가 반드시 필요하다.

함수란 수와 수 사이의 관계를 나타내는 것이다. 함수를 이해하기 위해서는 먼저 집합을 이해해야 한다.

집합이란 이름 그대로 '모임'을 뜻한다. 집합은 '수의 모임'에만 한정되지 않기 때문에 여기에서는 이해하기 쉽도록 '사물의 모임'을 예로 들어보겠다.

슈퍼마켓에서 판매되는 상품의 모임을 생각해 보자. 먼저 '돼지고기, 참치, 양배추, 딸기, 찹쌀떡'을 모아 봤다. 이 모임 자체가 집합이 된다. 그리고 '돼지고기'나 '참치'와 같이 이 집합에 포함되는 객체 하나하나를 그 집합의 요소라고 부른다.

다음으로 슈퍼마켓의 상품을 다른 시각에서 살펴보자. 가격이나 구매자의 취향 등 다양한 시각이 존재하겠지만 여기에서는 상품의 종류로 분류해 보겠다. 그러면 위의 상품들은 '고기, 생선, 채소, 과일, 과자'로 분류할 수 있다. 이렇게 이번에는 상품 종류의 집합이 완성된다.

또 상품과 종류라는 두 집합 사이에는 오른쪽 페이지와 같이 다섯 개의 화살표로 연결되는 관계가 있음을 알 수 있다. 함수란 두 집합의 요소들 사이의 대응 관계를 나타내는 것이다. 그리고 이 화살표 묶음을 함수를 뜻하는 영단어 function의 줄임말인 기호 f로 나타낸다.

## 함수의 기본

수의관계 ➡ 두 모임 사이의 관계

정확히 말하면, '두 집합의 요소들 사이의 대응 관계'

집합 안의 각 객체를 요소라고 한다.

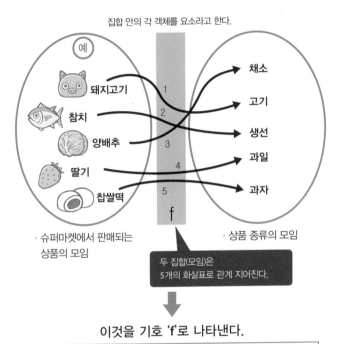

· 슈퍼마켓에서 판매되는
상품의 모임

· 상품 종류의 모임

두 집합(모임)은
5개의 화살표로 관계 지어진다.

**이것을 기호 'f'로 나타낸다.**

이 '관계 짓는다'는 것이 함수의 개념

'두 집합의 요소가 서로 어떤 관계에 있는가'를
결정하는 것이 함수의 역할

# 함수란? ②

### 함수를 '대신'하는 기호 'f'

---

미적분에서 사용하는 함수는 그 함수로 연결되는 두 집합이 모두 수의 집합이다. 집합의 요소는 1-13에서 살펴본 것처럼 하나하나 구체적으로 쓸 수 있는 경우는 드물고, 대부분의 경우 수의 범위 등으로 지정한다.

수의 집합끼리라면 두 집합의 관계를 식으로 나타낼 수 있다. 식으로 표시되는 함수의 간단한 예시는 1-5에서 소개할 텐데 대부분 몇 가지 기호를 더하거나 뺀 형태로 나타내며 이것을 다항식이라고 부른다.

그런데 함수를 예로 들 때마다 매번 복잡한 수식을 만들기는 번거로우므로 수식 자체를 '대신'하는 기호를 생각하게 되었다. 이것이 함수 기호를 사용하는 가장 큰 이유이다.

앞서 함수 기호는 보통 function의 줄임말인 'f'로 나타낸다고 언급했는데 수식으로 표시되는 함수의 경우에는 f(x)와 같이 괄호 안에 대상이 되는 기호를 쓴다. 그리고 y = f(x)라고 쓰면 'x와 y는 함수 f로 연결된다'는 뜻이 된다.

여기서 함수 f는 수끼리의 관계를 나타낸다. 예를 들어, 'f(1)'이라고 쓰면 오른쪽 페이지와 같이 x에 1을 대입해 계산한 값이 1에 대응하는 y의 값이 된다. x는 a와 같은 기호가 될 수도 있고 (a + b)와 같은 다항식이 될 수도 있다.

함수를 나타내는 x의 다항식에는 'x의 몇 거듭제곱'과 같은 식이 여러 개 들어 있는데 그 함수 안에서 가장 큰 거듭제곱의 지수를 차수라고 한다. 차수가 A면 그 함수를 A차 함수라고 부른다. 여기서는 상수함수인 영차함수부터 삼차함수까지 소개하겠다.

○ 함수 기호 f는 '함수 그 자체'를 나타낸다.

괄호 안은 대상이 되는 변수

$f(x) = x^2$의 경우, $f($ $)$는 $($ $)^2$을 의미한다.

x에 적당한 수를 넣으면, 즉 대입하면

$f(1) = 1^2 = 1$

$f(-2) = (-2)^2 = 4$   f는 $x^2$이라는 'x의 함수 그 자체'를
나타낸다.

복잡한 함수일 때 사용하면 편리하다.

$y = x^3 + 3x^2 + 1$ ⟵ 일일이 쓰기가 번거롭다.

$f(x) = x^3 + 3x^2 + 1$로 '정의'한다.

$y = f(x)$라고 쓰면 $y = x^3 + 3x^2 + 1$을 가리킨다고 정한다.

$f(2)$라면 → $x^3 + 3x^2 + 1$의 x에 '2'를 대입한다.

$f(2) = 2^3 + 3 \times 2^2 + 1 = 8 + 12 + 1 = 21$

a 등 x 이외의 적당한 기호를 대입해도 된다.

$f(a) = a^3 + 3a^2 + 1$ 등

# 수의 집합을 가시화
## 수직선을 사용해 범위로 나타내기

함수를 이해하기 어려운 이유는 집합의 요소가 되는 많은 수들을 구체적인 형태의 집합으로 파악하기가 어렵기 때문이다. 그러므로 수의 집합을 알아보기 쉽도록 수직선을 사용해 집합의 범위를 나타내 보자.

그 전에 '수에는 여러 가지 종류가 있다'는 사실을 짚고 갈 필요가 있다. 기본이 되는 수는 자연수로 '하나, 둘, 셋' 하고 셀 수 있는 수라고 생각하면 된다. 그 밖에도 오른쪽 페이지와 같이 정수나 유리수가 있고, 제3장에서 다룰 원주율 $\pi$와 같이 분수로 나타낼 수 없는 무리수가 있다. 이것들을 합쳐 실수라고 부른다. 실수 역시 수의 모임이기 때문에 집합이라고 할 수 있다. 그리고 집합 속의 더 작은 집합은 부분집합이라고 부른다. 자연수의 집합처럼 오른쪽 페이지에 그린 집합은 모두 실수 안에 포함되는 부분집합인 것이다.

미적분에서는 모든 실수를 다룬다. 그렇기 때문에 앞에서 설명한 슈퍼마켓 상품의 경우와 같이 집합의 요소를 전부 쓸 수는 없다. 그래서 'x는 0보다 크고 1보다 작은 것'과 같이 범위로 나타낸다.

이것을 수직선 위에 나타낼 때는 0과 1 사이를 오른쪽 페이지와 같이 빗금 등으로 표시해 알아보기 쉽게 한다.

더불어 범위의 양 끝 점을 다룰 때는 주의할 필요가 있다. 양 끝 점을 수의 범위에 포함하는 경우와 포함하지 않는 경우가 있기 때문이다. 보통 해당하는 끝 점을 포함하는 경우에는 검은색 동그라미로, 포함하지 않는 경우에는 하얀색 동그라미로 표시한다. 이와 같이 점의 집합을 나타낼 때는 점의 모임을 범위로 표시하고 수직선 위에 그 범위를 그리면 한눈에 알 수 있다.

○ 수에는 여러 종류가 있다.

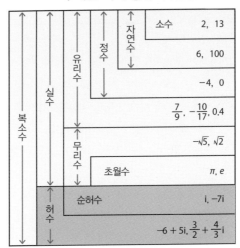

➡ 미적분에서는 모든 실수를 다룬다.

모든 요소를 하나 하나 쓸 수 없다.
그래서 수의 집합을 나타낼 때는 수직선을 사용한다.

예를 들어 0보다 크고 1보다 작은 x는 0 〈 x 〈 1과 같이 쓴다.

{0.001, 0.002, …, 0.1, …} 전부 나열할 수 없다.

 그러므로

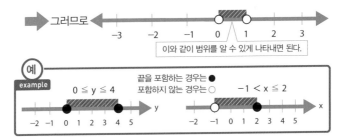

# 함수 'y = x'란?

### 같은 수끼리 관계 지을 수 있는 가장 간단한 함수

---

그럼 여기서부터는 구체적인 함수에 대해 알아보자.

먼저 y = x라는 수식으로 나타낼 수 있는 가장 간단한 함수를 예로 들어 보겠다. 앞에 서술한 '차수'의 설명에 따라 살펴보면 이 함수의 식에는 'x 그 자체', 즉 'x의 1제곱'인 항만 존재한다. 따라서 y = x라는 함수는 일차함수로 분류된다. 이 밖에 y = x + 2, y = 2x, y = 2x + 3과 같은 식도 일차함수에 해당한다.

y = x를 함수 기호를 사용해 나타내면 f(x) = x 라는 형태로 쓸 수 있다.

오른쪽 페이지의 위쪽 그림과 같이 먼저 x의 집합과 y의 집합에 들어가는 수를 생각한다. 어느 쪽 요소도 전부를 나열할 수는 없기 때문에 1부터 8까지의 정수를 써보자.

함수는 수와 수 사이의 관계를 나타내는 것이다. 그러므로 y의 각 요소와 x의 각 요소는 결국 같은 수끼리 대응하는 관계가 된다.

이것이 y = x라는 식의 의미이다.

이제 y = x의 그래프를 그려 보자.

x와 y가 같은 점인 모임은 오른쪽 페이지의 아래쪽 그림과 같은 직선이 된다. 이렇게 보면 x에 어떤 수를 대입하든 그에 해당하는 y의 값을 한눈에 알 수 있다. 즉, 그래프란 x와 y의 관계를 그림으로 나타낸 것이다.

이와 같이 함수의 식을 그래프로 그리면 x와 y의 관계가 명확해진다. x축 위의 점이 y축으로 어떻게 대응되는지를 잘 보여주고 있다. 오른쪽 페이지의 아래쪽 그림에서는 x가 1일 때와 1.5일 때 y의 값을 화살표로 표시해 봤다.

함수 'y = x'의 그래프

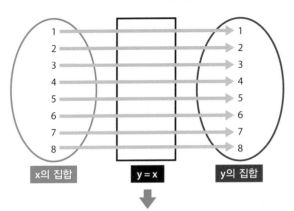

이 경우 x는 그대로 y의 같은 수에 대응한다.

x는 정수 이외의 수도 포함하므로

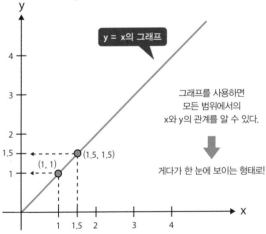

y = x의 그래프

그래프를 사용하면
모든 범위에서의
x와 y의 관계를 알 수 있다.

게다가 한 눈에 보이는 형태로!

# 함수 'y = x²'이란?

## 포물선을 그리는 좌우대칭인 함수

다음은 이차함수라고 불리는 $y = x^2$에 대해 알아보자.

이 함수는 그래프의 모양이 물건을 던졌을 때 그려지는 궤적과 비슷하다고 해 포물선이라고 불린다.

y와 x는 같은 x를 두 번 곱한 값, 즉 x를 2제곱한 값과 y가 대응하는 관계이다. 흥미롭게도 '2'와 '-2' 같이 x의 크기가 같고 음양 부호만 다른 경우에는 같은 y값을 취한다.

함수의 기호를 사용해 나타내면 $f(x) = x^2$이 된다.

이 함수가 들어맞는 예로는 '정사각형에서 한 변의 길이와 면적의 관계'를 들 수 있다. 한 변의 길이가 1인 정사각형의 면적은 1 × 1 = 1이다. 또 한 변의 길이가 2인 정사각형의 면적은 2 × 2 = 4이다.

이 함수를 그래프로 나타내면 오른쪽 페이지의 그림처럼 0 근처에서는 조금씩 늘어나다가 x가 커짐에 따라 그래프가 점점 급격히 상승한다. 또 다른 특징은 좌우의 그래프가 y축을 사이에 두고 대칭을 이룬다는 것이다.

그런데 미적분 문제를 풀 때 그 자리에서 그래프를 그려야 하는 경우가 있다. 1-6의 y = x와 같은 직선 그래프라면 비교적 정확하게 그릴 수 있겠지만 포물선이라면 정확하게 그리기가 어렵다.

하지만 크게 걱정할 필요 없이 수학적인 성질만 잘 파악하고 있다면 대략적으로 그려도 상관없다. 이렇게 대략적으로 그린 그래프를 그래프의 개형이라고 한다.

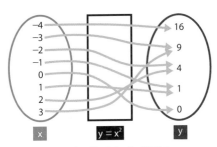

**함수 'y = x²'의 그래프**

x를 2번 곱한 값이 y에 대응한다.

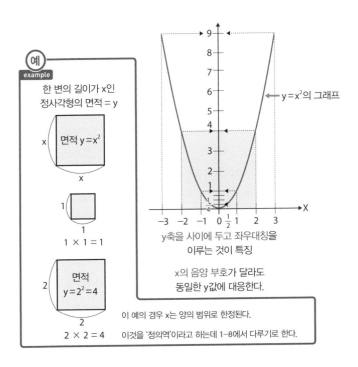

**예** example

한 변의 길이가 x인
정사각형의 면적 = y

면적 $y = x^2$

$1 \times 1 = 1$

면적
$y = 2^2 = 4$

$2 \times 2 = 4$

$y = x^2$의 그래프

y축을 사이에 두고 좌우대칭을
이루는 것이 특징

x의 음양 부호가 달라도
동일한 y값에 대응한다.

이 예의 경우 x는 양의 범위로 한정된다.
이것을 '정의역'이라고 하는데 1-8에서 다루기로 한다.

# 함수의 정의역과 치역

함수에서 사용할 수 있는 범위

1-7에서 이차함수 $y = x^2$은 $y$의 값이 0 이상인 범위에만 있음을 알았다. 함수란 기본적으로 '수의 모임' 사이의 관계를 결정하는 것이지만 이처럼 그 수의 범위가 제한될 때가 있다.

위의 함수처럼 $y$값의 범위만 제한되는 경우도 있고 함수의 조건에 따라 $x$값의 범위만 정해져 있는 경우도 있다. 이 경우 문제 속의 조건으로 제시되기도 하고 함수 자체의 성질로 인해 범위가 제한되기도 한다. 후자의 경우는 후술할 것이다. 그리고 $x$값이 제한되면서 함숫값의 범위까지 함께 제한될 때도 있다.

함수를 사용할 수 있는 $x$의 범위를 정의역, 함숫값으로 나오는 $y$의 범위를 치역이라고 부른다. 수학 세계에서는 함수로 나타내는 것을 '함수를 정의한다'고도 말하기 때문에 함수를 사용할 수 있는 범위를 정의역이라고 부르고, 함수에서 나오는 '값'의 범위를 치(値: 값 치)역이라고 부르는 것이다.

지금까지 나온 두 개의 함수($y = x$와 $y = x^2$)는 $x$값에 제한이 없는, 어떤 수라도 가능한 함수였기 때문에 $y = x$, $y = x^2$ 모두 정의역은 실수 전체가 된다. 실수 전체라는 것은 '실수라면 무엇이든 상관없다'는 뜻이다.

하지만 여기서 치역이 문제가 된다. $y = x$는 식을 보면 알 수 있듯이 $y$가 $x$ 그 자체이기 때문에 치역도 실수 전체가 된다. 그런데 $y = x^2$의 경우 $y$가 취할 수 있는 값은 0 이상의 수뿐이다. 이 경우 치역은 0 이상의 수, 즉 $y \geqq 0$이 된다. 이것은 함수의 성질에 의해 치역이 제한된 경우지만, 문제에 따라서는 오른쪽 페이지의 아래쪽 그림처럼 정의역도 제약을 받을 때가 있다.

## x와 y에 걸리는 제한

**함수** '수의 모임' 사이의 관계

다만 x와 그에 대응하는 y 사이에는
범위가 제한되는 경우가 있다.

⬇

x를 취할 수 있는 범위를 정의역이라고 하고
그 x에 대응하는 y의 범위를 치역이라고 한다.

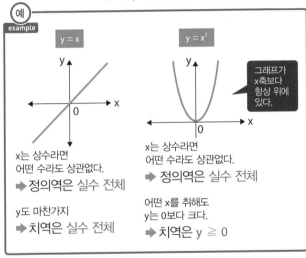

**예** example

$y = x$

x는 상수라면
어떤 수라도 상관없다.
➡ **정의역은 실수 전체**

y도 마찬가지
➡ **치역은 실수 전체**

$y = x^2$

그래프가
x축보다
항상 위에
있다.

x는 상수라면
어떤 수라도 상관없다.
➡ **정의역은 실수 전체**

어떤 x를 취해도
y는 0보다 크다.
➡ **치역은 $y \geqq 0$**

정의역이 제한되는 경우

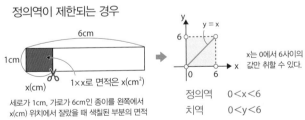

세로가 1cm, 가로가 6cm인 종이를 왼쪽에서
x(cm) 위치에서 잘랐을 때 색칠된 부분의 면적

x는 0에서 6사이의
값만 취할 수 있다.

정의역    $0 < x < 6$
치역    $0 < y < 6$

# 상수함수와 삼차함수

$y = a, x = b, y = x^3$

---

지금까지 일차함수와 이차함수를 살펴봤으니 여기서는 상수함수와 삼차함수에 대해 알아보자.

상수함수란 이름 그대로 상수, 즉 x값에 관계없이 y가 항상 같은 값을 취하는 함수이다. 대부분의 경우 x 이외의 기호를 사용해 'y = a'와 같이 쓴다. y = a 형태의 상수함수는 x축과 평행한 직선이 된다.

반대로 y축과 평행한 상수함수도 있는데 이런 경우는 'x = b'와 같이 쓴다. 여기서 a, b라고 구별해서 쓰는 이유는 이 둘이 반드시 같은 값을 취하지는 않기 때문이다.

이 함수들의 정의역과 치역은 조금 특이한데 y = a의 경우 정의역은 실수 전체이지만 치역은 오직 a 한 점이다. 반대로 x = b의 경우 정의역은 오직 b 한 점이며 치역은 실수 전체가 된다. 하나의 원소로만 이루어진 것도 '집합'이라고 할 수 있으므로 이처럼 하나의 원소로만 이루어진 치역이나 정의역도 존재할 수 있다.

삼차함수는 보통 $y = x^3$으로 나타낸다. $y = x^3$은 x를 3제곱(같은 수를 세 번 곱함)한 값을 y와 대응시키는 함수이다. 그래프의 개형은 오른쪽 페이지에 그려진 것과 같다. 이 그림에서 알 수 있듯이 정의역·치역 모두 실수 전체를 취한다.

$y = x^3$ 그래프의 특징은 원점에 대해 대칭이라는 것이다. 이러한 그래프를 점대칭인 그래프라고 한다. 또 $y = x^2$보다 그래프의 경사가 가파르다.

이 밖에도 함수의 종류는 셀 수 없을 정도로 많지만 이 책에서는 지금까지 나온 네 가지 함수를 토대로 설명해 나가겠다.

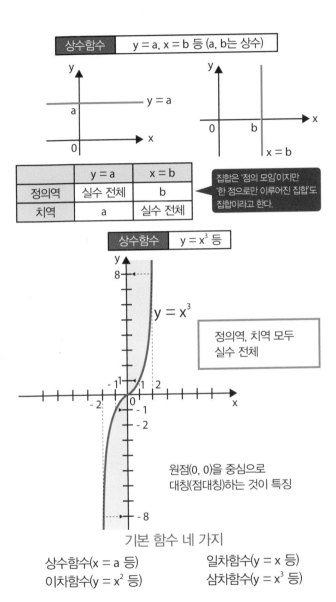

| | y = a | x = b |
|---|---|---|
| 정의역 | 실수 전체 | b |
| 치역 | a | 실수 전체 |

집합은 '점의 모임'이지만 '한 점으로만 이루어진 집합'도 집합이라고 한다.

상수함수　y = x³ 등

y = x³

정의역, 치역 모두 실수 전체

원점(0, 0)을 중심으로 대칭(점대칭)하는 것이 특징

기본 함수 네 가지

상수함수(x = a 등)　　　일차함수(y = x 등)
이차함수(y = x² 등)　　　삼차함수(y = x³ 등)

# '직선의 기울기'란?

### x값의 증가량에 대한 y값의 증가량의 비율

---

지금까지 나온 함수 중에서 그래프의 모양이 직선이 되는 것은 상수함수와 y = x의 형태인 일차함수, 두 가지이다. 여기서는 그래프의 직선의 기울기가 어떤 것인지 알아보자.

직선의 기울기란 '가로로 1만큼 증가했을 때 세로로 얼마만큼 증가하는가?'를 의미한다. 즉 x값의 증가량에 대한 y값의 증가량의 비율로 정의된다.

먼저 상수함수의 기울기를 생각해 보자. y = a의 기울기는 간단하다. x값이 아무리 커도 세로 방향으로는 증가하지 않으므로 기울기가 0이다. 하지만 x = b의 경우는 이야기가 조금 복잡해진다. 옆으로 갈 수가 없기 때문이다. 이런 경우에는 기울기가 무한히 크다고 말한다. '무한히'라는 말은 조금 뒤에 나오므로 일단 여기에서는 가볍게 읽어 내려가기 바란다.

그럼 일차함수의 기울기는 어떻게 될까? 예를 들어 y = x의 경우 오른쪽의 x의 방향으로 1만큼 증가하면 세로의 y의 방향으로도 1만큼 증가한다. 따라서 기울기는 1이다. y = ax의 경우에는 x의 방향으로 1만큼 증가하면 y의 방향으로 a만큼 증가하므로 기울기가 a이다. 참고로 기울기가 양인 경우 그래프는 오른쪽 위로 향하고, 기울기가 음인 경우에는 오른쪽 아래로 향한다. 정리하자면 기울기가 0이 된 것이 y의 상수함수이고, 기울기가 무한대가 된 것이 x의 상수함수라고 할 수 있다.

그럼 구체적인 함숫값을 알고 있을 때 기울기를 구하는 방법을 알아보자. 임의의 점 $(a, b)$와 $(c, d)$를 취한다. 기울기는 'x값의 증가량에 대한 y값의 증가량의 비율'이므로 y끼리 뺀 값 $(d - b)$를 x끼리 뺀 값 $(c - a)$로 나눈다. 따라서 기울기는 $\frac{d-b}{c-a}$가 된다.

## 그래프의 직선의 기울기

| 기울기 | 오른쪽으로 1칸만큼 증가하는 동안 위 혹은 아래로 몇 칸만큼 증가하는가 |
| --- | --- |

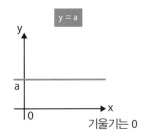

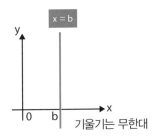

y=ax의 경우
기울기는 어느 점에서든 a로 똑같다.
여기서 a를 비례상수라고 한다.

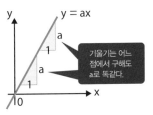

## 함숫값으로 기울기를 구하는 방법

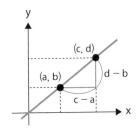

기울기란 x의 증가량에 대한
y의 증가량의 비율

$$기울기는 \quad \frac{d - b}{c - a}$$

# '기울기'가 '속도'가 되는 이유

### 시간과 위치의 관계를 그래프로 생각하기

여기서 일정한 속도로 움직이는 물체에 대해 생각해 보자. 시간과 위치의 관계를 이해하기 위해 2차원 좌표 위에 그래프를 그려 나타냈으니 오른쪽 페이지를 참고하면 된다.

지금까지는 그래프를 그릴 때 가로축과 세로축에 x와 y와 같은 특별한 의미가 없는 추상적인 기호를 사용했지만 여기서는 가로축에 시간, 세로축에 위치를 사용한다. 지금까지의 x는 time의 약자인 t로, y는 위치 x로 대체된다.

이 물체는 1초에 +1칸, 즉 오른쪽 방향으로 1칸만큼 이동한다고 하자. 지금 원점에 물체가 있다면 1초 뒤에는 오른쪽으로 1칸 떨어진 위치인 +1칸에 있게 된다. 반대로 1초 전에는 왼쪽으로 1칸 떨어진 위치인 -1칸에 있었을 것이다.

이때 이 물체의 움직임의 그래프는 오른쪽 페이지와 같이 2차원 좌표 위에 x = t라고 하는 함수의 그래프로 그려 나타낼 수 있다. 이것은 기울기가 1인 그래프이다.

여기서 이 그래프의 기울기가 의미하는 것을 생각해 보자. 이 그래프의 기울기는 't의 방향으로 1칸 이동할 때 x의 방향으로 몇 칸 이동하는가'를 말해 준다.

이것은 '1초 동안 몇 칸만큼 이동하는가'와 같다.

그렇다. 이 그래프의 기울기는 바로 속도가 된다.

이와 같이 시간과 위치의 관계를 그래프로 나타내고 그 기울기가 무엇을 의미하는지를 알아보면 물체의 움직임을 수학적으로 단순하게 이해할 수 있다.

## 기울기와 속도

| 속도 | 일정한 시간, 즉 10초나 1분 등의 단위 시간동안 어느 만큼 이동하는가 |
|------|------------------------------------------------------------------|

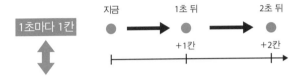

이것을 시간과 위치의 2차원 좌표로 나타낸다.

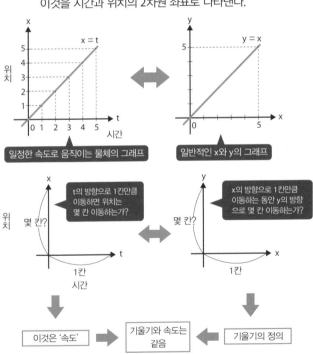

# 곡선의 기울기란? ①

### '곡선'에도 '기울기'가 있을지 생각해 보기

---

1-11에서는 물체의 시간과 위치를 2차원 좌표 위에 표시하고 물체의 움직임을 그래프로 나타내 봤다. 이때 그래프의 기울기에는 물체의 속도라는 중요한 정보가 포함되어 있음을 알 수 있었다. 이렇게 그래프를 그려 그 기울기로 속도값을 얻는 방법은 두 수의 조합으로 나타낼 수 있는 다른 사물의 변화에도 모두 적용할 수 있다. 그렇기 때문에 그래프의 기울기가 매우 중요하다는 것을 알 수 있을 것이다.

앞에서 직선의 기울기는 비교적 간단한 계산으로 구할 수 있었다. 그렇다면 곡선의 기울기도 구할 수 있을까? 여기서는 곡선, 즉 포물선을 그리는 함수식 중에서 가장 단순한 $y = x^2$으로 알아보자. 이 포물선의 기울기는 어떻게 될까?

직선일 때와 마찬가지로 이 그래프 위의 적당한 두 점을 취해서 생각해 보자. 예를 들어 x가 a와 b라는 점일 때 그래프 위의 점은 각각 $(a, a^2)$, $(b, b^2)$이 된다.

기울기는 x와 y가 이동하는 비율이므로 y의 차를 x의 차로 나누면 된다. 오른쪽 페이지와 같이 계산하면 기울기는 'b + a'라고 '일단' 계산할 수 있다. 이를테면 a가 1이고 b가 2일 때 오른쪽 페이지와 같이 계산하면 포물선의 기울기는 3이 된다. 그래프를 보면 확실히 x가 1만큼 증가하는 동안 y는 4에서 1을 뺀 값인 3만큼 증가하고 있다.

이렇게 생각해 보면 '곡선에도 기울기가 존재하며 계산도 가능하다'고 할 수 있다. 하지만 계산을 할 수 있다고 해서 그 값이 반드시 '맞다'고 단정할 수는 없다. 이것이 수학의 무서운 점이다. 기울기에 대해서는 1-13에서 조금 더 자세히 살펴보도록 하자.

## 곡선의 기울기

곡선 그래프

여기서는

가장 단순한 $y = x^2$으로 알아본다.

(포물선)

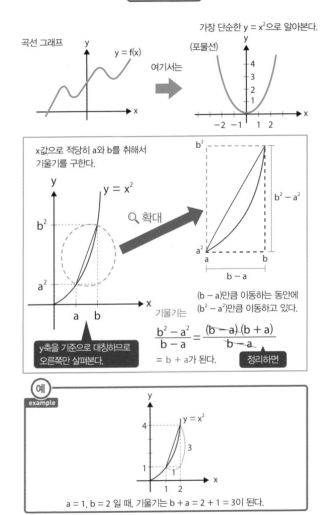

x값으로 적당히 a와 b를 취해서
기울기를 구한다.

$y = x^2$

확대

$(b - a)$만큼 이동하는 동안에
$(b^2 - a^2)$만큼 이동하고 있다.

y축을 기준으로 대칭하므로
오른쪽만 살펴본다.

기울기는

$$\frac{b^2 - a^2}{b - a} = \frac{(b - a)(b + a)}{b - a}$$

$= b + a$가 된다.

정리하면

**예**
example

$y = x^2$

$a = 1$, $b = 2$ 일 때, 기울기는 $b + a = 2 + 1 = 3$이 된다.

# 곡선의 기울기란? ②
## 곡선의 기울기의 함정

1-12에서 포물선 $y = x^2$ 위의 두 점 a와 b 사이의 기울기는 b + a라는 결과를 얻을 수 있었다. 그런데 곡선을 잘 살펴보면 뜻밖의 함정이 숨어 있다. 기울기를 알아보기 위해 취한 두 점을 중심으로 곡선을 확대해 보자.

그러면 그 두 점에서 기울기라고 생각했던 것은 사실 그 두 점을 연결하는 직선임을 알 수 있다. 따라서 a와 b 사이에 다른 점 C, D를 취해서 기울기를 구하면 오른쪽 페이지의 그림에서 알 수 있듯이 그 값이 달라져 버린다.

직선의 경우 어떤 점을 취하든 기울기는 항상 일정했다. 하지만 곡선의 경우 어떤 위치의 값을 취하는가에 따라 기울기가 완전히 달라지고 만다. 이렇게 되면 수를 분석하기 위해 필요한 명확한 기준이 없어지게 된다.

가령 이 그래프가 '움직이는 자동차의 시간과 위치의 관계'를 나타낸다고 하자. 1-12의 예를 사용하면 1초부터 2초까지의 속도는 초당 세 칸이 된다. 그런데 이 1초 동안에도 기울기, 즉 속도는 계속 변하고 있다. 게다가 속도는 초당 세 칸보다 느려지기도 하고 빨라지기도 한다.

이렇게 되면 만약 제한 속도 등의 제약이 있을 경우 이 계산 방법으로는 제한 속도 내에 있는 것처럼 보여도 실제로는 그 이상의 속도로 달리고 있을 수도 있는 것이다.

이래서는 숫자를 분석하고 그것을 토대로 정확하게 판단한다는 목적을 달성할 수 없다. 그렇다면 곡선에서는 어떻게 해야 기울기를, 자동차의 속도값을 얻을 수 있을까? 이것에 대해서는 1-15에서 다시 생각하기로 하자.

$y = x^2$의 두 점 a와 b 사이의 기울기는 b + a로 나왔다.
하지만 곡선을 확대해 보면

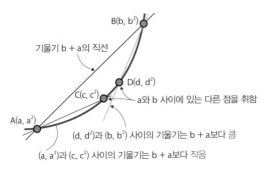

B(b, b$^2$)

기울기 b + a의 직선

D(d, d$^2$)

C(c, c$^2$)

a와 b 사이에 있는 다른 점을 취함

A(a, a$^2$)

(d, d$^2$)과 (b, b$^2$) 사이의 기울기는 b + a보다 큼

(a, a$^2$)과 (c, c$^2$) 사이의 기울기는 b + a보다 작음

어떤 점을 취하는가에 따라 기울기가 완전히 달라진다.

즉, 곡선의 기울기는 위치에 따라 다르다.

○ 기울기와 속도는 같은 것

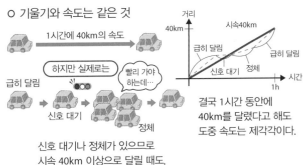

1시간에 40km의 속도

하지만 실제로는

빨리 가야
하는데…

급히 달림

신호 대기

정체

신호 대기나 정체가 있으므로
시속 40km 이상으로 달릴 때도,
미만으로 달릴 때도 있다.

거리

40km

시속40km

급히 달림

급히 달림

신호 대기    정체

시간

1h

결국 1시간 동안에
40km를 달렸다고 해도
도중 속도는 제각각이다.

조사하는 타이밍에 따라 속도는 제각각이다.

# '접선'이란?
곡선과 한 곳에서만 만나는 직선

이 장에서는 기울기에 관한 자세한 이야기로 들어가기 전에 접선에 대해 설명하기로 한다.

보통 수학에서 가장 먼저 배우는 접선은 원의 접선일 것이다. 접선은 한마디로 접하는 선이다.

흔히 '선과 선이 만난다'고 하는데 '접한다'는 것은 도대체 어떤 의미일까?

이것에 대해 수학적으로 제대로 알기 위해서는 여러 가지 어려운 설명이 필요하고, 이 책의 목적에서 상당히 멀어지게 되므로 여기서는 간단한 예를 가지고 생각해 보자.

오른쪽 페이지와 같은 형태를 가진 곡선 근처에 직선을 그어 본다. 직선을 여러 개 그어 나가면 곡선과 직선은 다양한 형태로 만나게 된다. 그리고 그은 직선 중에서 곡선과 비스듬히 교차하는 직선은 반드시 다른한 곳에서도 만남을 알 수 있다.

접한다는 것은 이러한 곡선과 한 곳에서만 만난다는 것이다. 이것은 곡선과 '각도를 가지지 않고' 만난다는 뜻이기도 하다. 조금이라도 각도를 가지고 만나면 반드시 다른 한 곳에서도 만나게 된다. 그리고 그 각도가 작을수록 두 교점은 서로 점점 가까워진다.

곡선과 한 곳에서만 만나는 직선이라는 표현은 정말 수학적이지만 이것에도 예외가 있다. 곡선의 돌출이 여러 개 있는 경우, 즉 변곡점이 있는 경우이다. 이 경우에는 접한 상태에서도 다른 점에서 만날 때가 있다. 다만 이 책에서 이러한 케이스는 다루지 않는다.

**만나는 점은 오직 하나**

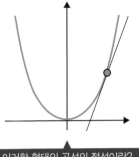

접선이란?
- 곡선과 만나는 점이 하나밖에 없는 직선
- 곡선과 각도를 가지지 않고 만나는 직선

**이러한 형태의 곡선의 접선이란?**

각도를 가지고 만나면 반드시 두 곳에서 만나게 된다.

한 곳에서만 만나는 직선 이것이 접선이다.

예외

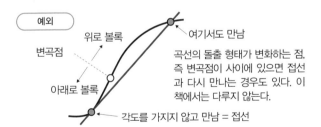

위로 볼록
변곡점
아래로 볼록
여기서도 만남
각도를 가지지 않고 만남 = 접선

곡선의 돌출 형태가 변화하는 점, 즉 변곡점이 사이에 있으면 접선과 다시 만나는 경우도 있다. 이 책에서는 다루지 않는다.

# '곡선의 기울기'는 '접선의 기울기'

## 접선을 알기 위해 곡선의 기울기를 구하기

곡선의 기울기에 대한 설명으로 돌아가자. 1-13에서 이야기한 곡선의 기울기에서는 적당한 두 점을 취해 기울기를 구할 경우 어떤 점을 취하는가에 따라 기울기가 얼마든지 달라지므로 수학적으로 정확히 분석할 수 없다는 문제가 있었다.

제대로 된 분석을 하기 위해서는 두 점 중 하나를 고정해 생각해야 한다. 여기서는 원점에 가까운 쪽의 점을 기준으로 해서 이 점에서의 기울기를 생각해 보자. 이 기울기는 점의 위치에 따라 변하므로 '어느 점에서의 기울기'라고 표현하게 된다.

그럼 이것을 '특정 점에서의 기울기'라고 하기로 하고 오른쪽 페이지에 있는 그림의 점에서의 기울기를 생각해 보자.

지금까지와 같이 적당한 다른 한 점을 두어 구하면, 그 점을 취하는 방법에 따라 기울기가 달라지기 때문에 특정 점에서의 기울기를 하나로 정할 수 없다.

그럼 그 다른 점 하나를 기준점에 조금씩 가깝게 해보면 어떨까?

두 점이 하나로 보일 만큼 가깝게 움직이다 보면 한 가지 사실을 발견할 수 있다. 가까워지고 있는 두 점을 서로 연결하면 이 두 점이 서로 가까워질수록 기준이 되는 점의 접선(1-14 참고)에도 점점 가까워진다는 점이다.

따라서 그래프 위의 곡선의 기울기는 그 점에서의 접선의 기울기와 같다고 생각해도 된다는 것을 알 수 있다. 반대로 말하면 곡선의 접선은 그 점에서의 곡선의 기울기를 알면 구할 수 있다. 곡선의 기울기란 바로 그 점에서의 접선인 것이다.

## 특정 점에서의 그래프의 기울기란?

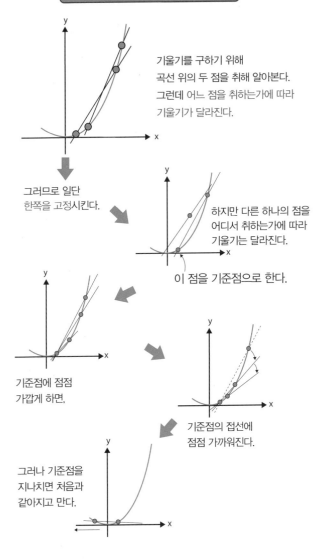

기울기를 구하기 위해
곡선 위의 두 점을 취해 알아본다.
그런데 어느 점을 취하는가에 따라
기울기가 달라진다.

그러므로 일단
한쪽을 고정시킨다.

하지만 다른 하나의 점을
어디서 취하는가에 따라
기울기는 달라진다.

이 점을 기준점으로 한다.

기준점에 점점
가깝게 하면,

기준점의 접선에
점점 가까워진다.

그러나 기준점을
지나치면 처음과
같아지고 만다.

# '곡선의 기울기'를 구하는 방법

## 두 점 사이의 거리를 한없이 가깝게 하기

곡선의 기울기에 대한 이해는 충분히 깊어졌을 것이다. 이제 실제로 곡선의 기울기를 구해 보자.

지금까지의 이야기를 종합하면 '곡선 위에 있는 특정 점에서의 기울기는 그 점과 다른 하나의 점을 취한 뒤, 기울기를 구하고 싶은 점을 향해 다른 하나의 점을 점점 가깝게 하면 구할 수 있다'는 것이었다. 이를 계산해 실행하기 위해서는 다음과 같이 생각해야 한다.

먼저 '다른 하나의 점을 취한다'는 것을 '기울기를 구하고 싶은 점으로부터 x의 방향으로 h만큼 떨어진 점을 취한다'고 생각한다. 그러면 이 두 점 사이의 기울기를 계산할 수 있다.

그런 다음 '기울기를 구하고 싶은 점을 향해 다른 하나의 점을 점점 가깝게 한다'는 부분을, 두 점의 x방향의 거리인 h를 점점 짧게 한다고 생각한다. 'h를 0에 가깝게 하면 어떻게 될까'하고 생각하는 것이다.

기울기를 계산하면 h를 포함한 식이 나온다. h를 0에 가깝게 했을 때 그 식의 값이 어떻게 되는지를 알면 곡선의 기울기를 알 수 있다. 계산해 나온 식이 h를 포함하지 않는 경우도 있지만 그것은 이미 기울기의 식 그 자체이므로 더 이상 계산할 필요는 없다.

하지만 기울기의 식 안에 h가 나오는 경우, 단순히 h를 0으로 대체해 대입하기만 해서는 안 된다. 오른쪽 페이지의 그림에 있는 식을 보면 알수 있듯이 분모에 h가 들어가기 때문에 h에 단순히 0을 대입하면 $\frac{0}{0}$이 되어 의미가 없다.

그래서 극한이라는 개념이 등장한다. 극한을 이용하면 '점점 가깝게 한다'는 것이 가능하다. 이에 대해서는 1-17에서 살펴보도록 하자.

**두 점을 점점 가깝게 하면**

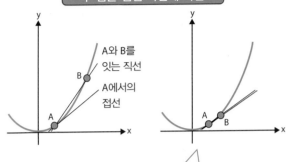

A와 B를
잇는 직선

A에서의
접선

B를 점점 A에 가깝게 하면 A와 B를 잇는 직선은
A에서의 접선에 가까워진다.

이것을 계산식으로 어떻게 나타낼까?

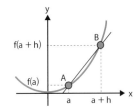

 점 A와 A로부터 h만큼
떨어진 점 B가 있다고 하자.

A는 $(a, f(a))$
B는 $(a + h, f(a + h))$

A와 B의 기울기 = x의 증가량과 y의 증가량의 비율이므로
y 방향의 증가량은 $f(a + h) - f(a)$, x 방향의 증가량은 $(a + h) - a$

$$\text{AB의 기울기} = \frac{f(a + h) - f(a)}{(a + h) - a} = \frac{f(a + h) - f(a)}{h}$$

**주의**

여기서 h에 0을 넣으면,

$$\frac{f(a) - f(a)}{0} \quad \Longrightarrow \quad \frac{0}{0} \text{ 이므로 의미가 없어진다.}$$

h를 '0에 가깝게 한다'와 '0으로 한다'는 의미가 전혀 다르다!

# '한없이 작다'는 개념, 무한소

## 한없이 0에 가깝게 하기

1-16에서 '두 점을 점점 가깝게 한다', 'x 방향의 거리인 h를 0에 점점 가깝게 한다'는 개념이 나왔는데 이것을 수학에서는 무한이라는 말로 표현한다.

이 경우에는 'h를 한없이 작게 한다', '한없이 0에 가깝게 한다'고 말한다. 사실 미적분의 기본을 이루는 것이 바로 '한없이 작다', 즉 '무한소'라는 개념이다.

'h를 한없이 0에 가깝게 한다'는 것은 어디까지나 가깝게 하는 것이지 0 자체가 되는 것은 아니다.

신기한 말장난 같은 개념이지만 수학에는 이러한 일면이 있고 이 무한소라는 개념은 그 중 한 가지다.

다소 이해하기 어려워질 수 있지만, 논리적으로 생각하고 모순을 없애기 위해 이러한 개념을 가져오는 것은 다분히 '수학적'이라고 할 수 있다.

여기서 잠시 미적분의 역사를 간단히 살펴보자. 사실 무한소에 대한 개념이 정립될 때까지는 상당히 오랜 시간이 걸렸다. '미적분의 핵심'이라고 할 수 있는 부분의 완성이 늦어졌기 때문에 미적분 자체를 학문으로 인정하지 않은 학자도 있을 정도였다. 미적분에 대해 '오류가 중첩되어 맞는 결과를 낳고 있다'고 평가한 사람도 있었다고 한다.

하지만 실제로 미적분 계산을 시작해 보면 이 무한소라는 개념은 잘 나오지 않기 때문에 크게 신경쓰지 않게 된다. 그럼에도 미적분의 구조를 알기 위해서는 상당히 중요한 항목이다.

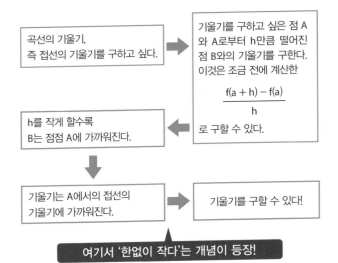

**'한없이 0에 가깝다'란?**

곡선의 기울기,
즉 접선의 기울기를 구하고 싶다.

기울기를 구하고 싶은 점 A
와 A로부터 h만큼 떨어진
점 B와의 기울기를 구한다.
이것은 조금 전에 계산한

$$\frac{f(a + h) - f(a)}{h}$$

로 구할 수 있다.

h를 작게 할수록
B는 점점 A에 가까워진다.

기울기는 A에서의 접선의
기울기에 가까워진다.

기울기를 구할 수 있다!

**여기서 '한없이 작다'는 개념이 등장!**

B를 A에 한없이 가깝게 한다는 것은
h를 0에 한없이 가깝게 한다는 것!

그러나 h는 0은 아니다. 0이면 기울기가 성립되지 않는다.
한없이 0에 가깝다는 점이 포인트

'가깝게 한다'는 것을 보통 ' → '로 쓴다.
이 경우,
h → 0이라면 (AB의 기울기) → (A에서의 접선의 기울기)
와 같이 쓴다.

# '극한 계산'이란?

## 어떤 값에 한없이 가깝게 하는 것

수학에서는 '한없이 작다'는 것을 '어떤 수라도 취할 수 있다'고 표현한다. 보통 '어떤 수라도'라고 하면 큰 수를 떠올리기 쉬운데 여기서는 '아무리 작은 수라도 취할 수 있다'고 생각하자. $y = \frac{1}{x}$이라는 함수의 $x$를 한없이 크게 하면 $y$의 값은 한없이 0에 가까워진다. 이것을 '$x$를 무한대로 했을 때 $y$의 극한'이라고 하는데 이것과 '어떤 수라도 취할 수 있다'는 것의 관계를 생각해 보자.

'$y$가 0에 한없이 가까워진다'는 것은 $x$에 적당한 값만 넣는다면 $y$는 어떤 수라도 취할 수 있다는 말이 된다. 예를 들어 $y$가 0.01이라면 $x$에 100을 넣으면 된다. 또 $y$의 값이 0.00000000001과 같이 아주 작은 경우라도 $x$에 100000000000을 넣으면 된다.

이렇게 생각하면 $y$는 소수점 이하 몇 자리를 취해도 상관없다. 만약 소수점 이하 몇십 자리인 아주 작은 값이라 하더라도 0은 아니며, 제대로 값을 갖고 있다. 하지만 그 값은 얼마든지 0에 가깝게 할 수 있다. '한없이 0에 가깝게 한다'는 것은 그런 의미이다. 이와 같이 어떤 값에 한없이 가깝게 만드는 계산을 극한 계산이라고 한다.

하지만 현실 세계에서는 '무한소는 0과 같다고 여겨도 되지 않을까?' 하고 생각하기 쉽다. 실제로 현실에서는 '소수점 이하 몇 십자리'인 수는 오차 등과 구별하기 어렵기 때문에 흔히 0과 같은 취급을 한다. 이처럼 미적분에는 대략적인 면도 존재하므로 무한소에 대해서는 이 정도로만 알아두기로 하자.

한없이 가깝게 한다.
(예: x가 a에 가까워진다.)

어떤 값이라도 취할 수 있다.
(예: 'x−a'는 어떤 값도 취할 수 있다.)

보통 위와 같이 표현한다.

예를 들어, $y = \dfrac{1}{x}$ 이라는 함수를 생각해 보자.
(x를 한없이 크게 하면 y는 한없이 0에 가까워진다.)

## x에 적당한 값만 넣을 수 있다면 y는 어떤 수라도 취할 수 있다.

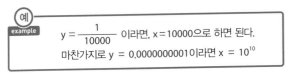

**예**
**example**

$y = \dfrac{1}{10000}$ 이라면, x = 10000으로 하면 된다.

마찬가지로 $y = 0.0000000001$이라면 $x = 10^{10}$

$y = \dfrac{1}{x}$ 의 x에 적당한 값을 넣을 수 있다면 y를 아무리 작게 해도 괜찮다!

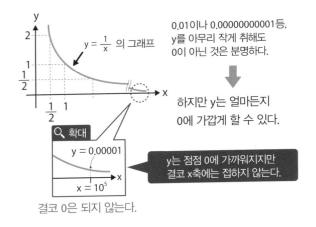

0.01이나 0.00000000001등,
y를 아무리 작게 취해도
0이 아닌 것은 분명하다.

하지만 y는 얼마든지
0에 가깝게 할 수 있다.

y는 점점 0에 가까워지지만
결코 x축에는 접하지 않는다.

$y = \dfrac{1}{x}$ 의 그래프

**확대**

$y = 0.00001$

$x = 10^5$

결코 0은 되지 않는다.

# 극한 계산의 기호 'lim'란?

## lim의 의미와 사용 방법

---

지금까지 극한 계산의 대략적인 개념을 설명했다. 이 극한 계산에서 사용되는 기호로 lim가 있다. 일반적으로 극한 계산에서는 '한없이 가까워지는' 것을 나타낼 때 화살표를 사용한다. 이를테면 x를 무한대($\infty$)로 했을 때 $\frac{1}{x}$이 0에 한없이 가까워지는 것을 '$\frac{1}{x} \rightarrow 0(x \rightarrow \infty$ 일 때)'와 같이 쓴다.

그런데 수식이 복잡해지면 화살표만으로는 알기 어려울 때가 있어 lim라는 기호를 사용하기 시작했다. lim는 '리미트'라고 읽는다.

기호 lim의 의미는 오른쪽 페이지와 같다. lim의 아래에 '어떤 기호가 어떤 값에 가까워지는지'를 지정한 뒤 극한 계산의 대상이 되는 식이나 함수 기호를 쓴다. 화살표를 사용해 극한을 나타내는 방법과 다른 것은 가까워지는 값과 등호를 사용해서 연결하고 있다는 점이다. lim에는 '한없이 가까워진다'는 의미가 포함되어 있기 때문에 등호를 사용할 수 있는 것이다.

lim를 사용한 극한 계산은 오른쪽 페이지와 같이 몇 가지 사용 방법이 있다. 이런 방법으로 계산을 하게 되면 진정한 의미의 극한 문제는 대개 거의 마지막 부분에 나온다. 그러므로 되도록 단순한 극한 계산을 하기 위해서는 먼저 식을 간단히 만들고 마지막에 극한의 개념을 꺼내면 된다.

lim를 사용한 실제 계산의 예는 나중에 함수 그래프의 기울기를 구체적으로 계산할 때 소개할 텐데 언뜻 어려워 보이는 계산이더라도 자세히 보면 간단한 계산인 경우가 많다. 어려워 보인다고 처음부터 겁낼 필요는 없다.

## 극한 계산의 기호 lim

1-18에서처럼 '~에 가까워진다'는 계산을 극한 계산이라고 한다.

예를 들어 h → 0일 때 (기울기) → ◯◯◯ 와 같이 쓴다.

이것을 '한계'라는 뜻을 가진 'Limit'의 줄임말 'lim'를 사용해 나타내면

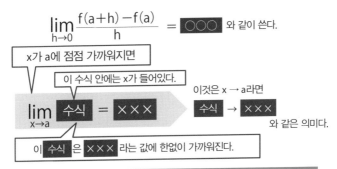

$$\lim_{h\to 0}\frac{f(a+h)-f(a)}{h} = \boxed{◯◯◯} \text{ 와 같이 쓴다.}$$

x가 a에 점점 가까워지면

이 수식 안에는 x가 들어있다.

$$\lim_{x\to a} \boxed{수식} = \times\times\times$$

이것은 x → a라면

$$\boxed{수식} \to \times\times\times$$

와 같은 의미다.

이 수식 은 ××× 라는 값에 한없이 가까워진다.

### lim의 사용 방법

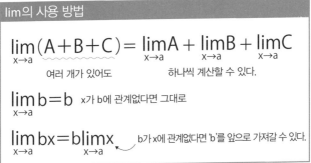

$$\lim_{x\to a}(A+B+C) = \lim_{x\to a}A + \lim_{x\to a}B + \lim_{x\to a}C$$

여러 개가 있어도          하나씩 계산할 수 있다.

$$\lim_{x\to a}b = b \quad \text{x가 b에 관계없다면 그대로}$$

$$\lim_{x\to a}bx = b\lim_{x\to a}x \quad \text{b가 x에 관계없다면 'b'를 앞으로 가져갈 수 있다.}$$

위의 방법을 사용해
최대한 식을 단순하게 만든다.

⬇

그리고 마지막에 lim를 사용한다.

# 일차함수의 기울기 구하기

y = ax의 기울기

---

지금까지 살펴본 내용을 정리하는 차원에서 일차함수의 기울기를 구해 보도록 하자. 여기서는 비례상수가 a인 일차함수 y = ax를 두고 생각해 본다.

먼저 기울기를 구할 점을 결정한다.

어느 점의 기울기든 구할 수 있도록 x 좌표를 x 그대로 둔 상태에서 점 A를 잡는다. 그러면 함수의 식에 의해 이 점의 y좌표는 'ax'가 된다. 즉, 이 계산은 점 A(x, ax)에서의 기울기를 구하는 것이 된다.

다음으로 점 A로부터 x 방향으로 조금 평행이동한 임의의 점을 가정한다.

이 점은 h를 사용해 점 A'(x + h, a(x + h))로 나타낸다.

점 A와 점 A' 사이의 기울기는 오른쪽 페이지와 같이 y의 차를 x의 차로 나눈 것이다. $\frac{ah}{h}$에서 둘 다 h를 포함하고 있기 때문에 분자와 분모의 h를 모두 지울 수 있다. 그에 따라 $\frac{ah}{h} = a$ 이므로 기울기는 x의 값에 관계없이 항상 a가 된다.

다시 말해 굳이 극한을 취하지 않더라도 기울기는 항상 a임을 알 수 있다. 직선의 그래프만 봐도 알 수 있는 것이지만 식의 계산을 통해서도 그 사실을 확인할 수 있다.

보통은 기울기의 식에 h가 포함되는데 h를 포함하지 않는 식도 존재한다. 위에서 구한 y = ax의 기울기의 식이 그 대표적인 예이다.

극한 계산에서 가깝게 만들고자 하는 기호가 식 안에 없는 경우에는 그 식이 그대로 결과가 되므로 특별히 계산할 필요가 없다. h를 0에 가깝게 하는 계산에서 'a만으로 이루어진 식'이라면 결괏값은 그대로 a가 된다.

## 일차함수(y = ax)의 기울기

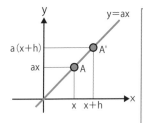

─── 극한 계산 ───

❶ A와 A로부터 오른쪽으로 h만큼 평행하게 이동한. 즉 + h만큼 평행이동한 A'을 가정한다.

❷ A와 A'의 기울기를 계산한다.

❸ A'을 A에 한없이 가깝게 한다.

그럼 실제로 계산을 해보자.

❶ 점 A의 좌표는     y = ax에 의해 (x, ax)

     점 A'의 좌표는     y = ax에 의해 (x + h, a(x + h))

x를 x + h로 대체해 계산

❷ A와 A'의 기울기 $\dfrac{(점\ A'의\ y) - (점\ A의\ y)}{(점\ A'의\ x) - (점\ A의\ x)} = \dfrac{a(x+h) - ax}{(x+h) - x} = \dfrac{ah}{h}$

❸ A'을 A에 한없이 가깝게 한다. $\displaystyle\lim_{h \to 0} \dfrac{a\not{h}}{\not{h}} = \lim_{h \to 0} a = a$ (→ x가 어디에 있든 기울기는 a)

h와 a는 서로 무관하다.

## y = ax의 기울기는 어디서나 a

즉, y = ax의 접선은 y = ax 그 자체

# 이차함수 'y = x²'의 기울기 구하기

## 기울기가 'y = 2x'가 되는 이유

1-20에서 일차함수의 기울기를 구해봤는데 생각보다 너무 단순한 계산이라 김이 샜을지도 모른다. 하지만 그렇다고 해서 너무 실망할 필요는 없다. 이차함수의 기울기를 구하는 것은 드디어 극한 계산다워진다.

계산 방식은 일차함수의 경우와 같다.

이차함수 위의 점으로 무엇이든 취할 수 있도록 점 A(x, x²)와 점 A'(x + h, (x + h)²)을 잡아 두 점 사이의 기울기를 구한다. 그리고 그 기울기의 식에 있는 h를 0에 가깝게 하는 극한 계산을 실시한다.

여기서도 y의 차를 x의 차로 나누면 되는데 y의 차인 분자 부분의 식을 전개해서 정리하면 오른쪽 페이지와 같이 (2hx + h²)이라는 식이 된다. 두 항 모두 h를 포함하고 있으므로 분모의 h와 함께 지울 수 있다. h는 매우 작은 값이지만 0은 아니므로 나눌 수 있다.

그러면 2x + h가 마지막에 남는다. 여기서 'h는 한없이 0에 가까워지기' 때문에 '2x + h는 2x에 한없이 가까워진다'고 할 수 있다. 사실 이 부분에서만 극한의 개념을 사용하고 있고, 나머지 부분에서는 지극히 단순한 계산을 하고 있다.

위의 계산으로 y = 2x라는 함수가 이차함수의 기울기를 나타내고 있음을 알 수 있었다. 이를 통해 기울기 자체도 함수가 된다는 사실 역시 알 수 있다. 그럼 이제 y = 2x의 x에 구체적인 값을 대입해 보자.

예를 들어 x가 1인 점에서의 기울기는 y = 2 × 1이므로 2가 되고, x가 -2인 점에서의 기울기는 y = 2 × -2이므로 -4가 된다. 이와 같이 식을 통해 이차함수의 기울기가 구하는 지점에 따라 다름을 알 수 있다.

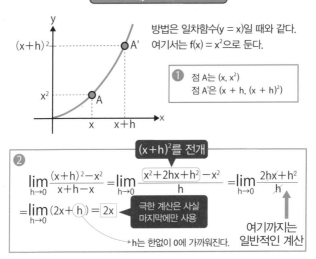

## 이차함수(y = x²)의 기울기

방법은 일차함수(y = x)일 때와 같다.
여기서는 f(x) = x²으로 둔다.

**①** 점 A는 (x, x²)
점 A'은 (x + h, (x + h)²)

**②** **(x+h)²를 전개**

$$\lim_{h \to 0} \frac{(x+h)^2 - x^2}{x+h-x} = \lim_{h \to 0} \frac{x^2 + 2hx + h^2 - x^2}{h} = \lim_{h \to 0} \frac{2hx + h^2}{h}$$

$$= \lim_{h \to 0} (2x + h) = \boxed{2x}$$

극한 계산은 사실
마지막에만 사용

h는 한없이 0에 가까워진다.

여기까지는
일반적인 계산

**기울기 자체가 y = 2x라는 함수로 되어 있다.**

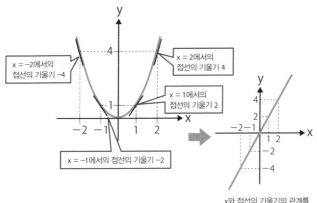

x = −2에서의
접선의 기울기 −4

x = 2에서의
접선의 기울기 4

x = 1에서의
접선의 기울기 2

x = −1에서의 점선의 기울기 −2

x와 접선의 기울기의 관계를
그래프로 나타내면 이렇게 된다.

# 미분이란 곡선의 기울기를 구하는 것

곡선을 한없이 쪼개 각 점의 기울기 구하기

---

지금까지 곡선의 기울기를 구하는 계산 과정에서 접선의 기울기와 극한까지 살펴봤다. 이렇게 살펴본 이유는 사실 곡선의 기울기를 구하는 것은 미분 계산 그 자체이기 때문이다.

미분은 물건 가격의 변화를 조사하는 것과 일맥상통하는 부분이 있다. 바로 일정한 주기로 가격을 조사한다는 부분이다. 함수란 그러한 현상들을 분석하는 수단이며, 이 책에서는 가장 알기 쉬운 계산을 예로 들었다.

1-21의 계산에서 적당한 점 (x, f(x))를 잡고 이 점으로부터 h만큼 평행이동한 점과 그 사이의 기울기를 알아봤는데, 이것은 '그 곡선을 폭 h로 쪼개는' 것과 같은 개념이다.

그리고 그 h를 0에 가깝게 한다는 것은 곡선을 한없이 잘게 나누는 것과 같다.

미분이라는 이름은 '아주 작은 구간으로 나눈다'는 데서 왔으며 제1장에서 지금까지 살펴본 것은 바로 미분 계산 그 자체였다.

미분 계산에서는 한 점을 조금 평행이동했을 때 x의 값의 변화를 x의 변화량이라 하고 Δx라고 쓰며 델타엑스라고 읽는다. 또한 거기에 대응하는 y의 변화를 y의 변화량이라 하고 마찬가지로 Δy라고 쓰며 델타와이라고 읽는다. 그리고 Δx에 대한 Δy의 비를 구해 Δx를 0에 가깝게 했을 때의 극한을 y의 미분계수라고 한다. 이 'y의 미분계수를 구하는' 것을 'y를 x로 미분한다'고 표현한다. 즉 미분이란 y의 미분계수를 구하는 것이다. 그리고 각 점의 미분계수를 구하다 보면 곡선 y = f(x)의 기울기이자 접선의 기울기를 나타내는 함수를 구할 수 있다.

$$\boxed{\text{미분이란?}}$$

'x로 미분한다'란 x좌표를 아주 잘게 나누는 것

$$\boxed{\text{곡선 } y = f(x) \text{의 기울기를 구한다.}} \iff \boxed{\lim_{h \to 0} \frac{f(x+h) - f(x)}{h} \text{ 를 구한다.}}$$

즉, 이것은 함수를 h씩 나눈 것

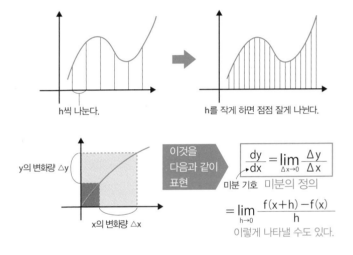

h씩 나눈다.          h를 작게 하면 점점 잘게 나뉜다.

y의 변화량 △y

x의 변화량 △x

이것을 다음과 같이 표현

$$\frac{dy}{dx} = \lim_{\triangle x \to 0} \frac{\triangle y}{\triangle x}$$

미분 기호   미분의 정의

$$= \lim_{h \to 0} \frac{f(x+h) - f(x)}{h}$$

이렇게 나타낼 수도 있다.

---

$\dfrac{dy}{dx}$ '디와이 디엑스'라고 읽으며, 'y를 x로 미분한다'는 의미

$\dfrac{dy}{dx}$ ,    $\dfrac{df(x)}{dx}$ ,    $\dfrac{d}{dx} f(x)$ 와 같이 쓴다.

---

즉, 점 A를 점 A'으로 △x만큼 평행이동했을 때의

x의 변화량 △x와 y의 변화량 △y의 비율을 구해 △x → 0으로 했을 때의

$\dfrac{\triangle y}{\triangle x}$ 를 y의 미분계수라고 한다.

# 야심가였던 라플라스

'프랑스의 뉴턴'이라고도 불리는 피에르시몽 라플라스(1749~1827년)는 매우 흥미로운 인물이다.

그는 수학자이자 천문학자로서 뉴턴의 법칙을 태양계에 적용하는 중요한 일에 큰 힘을 쏟았고, 연구 성과를 주요 저서 『천체역학』으로 엮었다. 또 확률론의 체계 확립에도 상당한 공헌을 했다.

한편 라플라스는 정치적 야망도 큰 인물이었는데, 나폴레옹에게 발탁되어 내무장관을 담당하기도 했다.

그러나 그는 정치적으로도 학문적으로도 지조가 없었기 때문에 쓸쓸한 만년을 보내게 되었다. 라플라스는 눈을 감기 전 '우리가 아는 것은 미미하고 모르는 것은 무한하다'는 말을 남겼다.

# 제2장

# 미분을 해보자

---

이 장에서는 먼저, 자유 낙하를 예로 들어 **위치의 미분이 속도**, 나아가 **속도의 미분이 가속도**임을 배운다. 그런 다음 도함수, 미분의 공식, 증감표 등을 학습하면서 이들을 이용해 최댓값을 구하는 구체적인 문제를 풀어 본다.

---

# 사물의 변화를 분석할 수 있는 미분

함수를 분석하는 기초

---

제1장에서는 '곡선의 기울기는 접선의 기울기와 동일하다'는 것과 '접선의 기울기, 즉 미분계수를 구하는 것은 미분 그 자체'라는 것을 설명했다. 그리고 간단한 함수의 그래프($y = ax$, $y = x^2$)를 가지고 실제 계산을 통해 그 미분계수를 구해 봤다.

곡선의 기울기와 미분계수가 같다는 것은 이제 알고 있다. 그런데 오른쪽 페이지의 그림과 같이 함수의 증감과 미분계수의 플러스/마이너스 역시 일치한다. 둘 사이에는 어떤 관계가 있는 것일까?

여기서 물건 가격의 상승과 하락에 대해 생각해 보자. 가격의 변화를 가격을 조사한 날짜의 간격으로 나누어 '1일당 가격의 변화'로 분석해 본다. 조금 대략적이긴 하지만 미분계수를 구하는 것은 이 '1일당 가격의 상승과 하락'을 구하는 것에 해당한다.

제2장에서는 이와 같이 수식이나 간단한 함수로 나타낼 수 있는 사물의 현상에 대한 분석을 다룰 것이다.

앞으로 나올 함수들을 익힌다고 해서 물건 가격의 변화와 같이 실제 현실에서 일어나는 복잡한 움직임을 완벽하게 재현할 수 있는 것은 아니다.

그러나 우선은 함수로 표현 가능하면서 수학적인 분석까지 제대로 할 수 있는 사물의 변화를 대상으로 삼아 함수를 분석하는 힘을 길러 보자.

2-2부터는 '미분계수와 곡선의 증감은 어떤 관계에 있는가'와 실제로 수식을 분석하는 방법, 나아가 간단한 문제를 풀기 위한 미분의 사용 방법에 대해 알아보자.

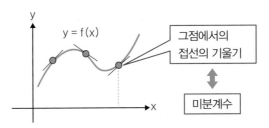

## 미분계수와 함수의 증감

접선의 기울기의 플러스/마이너스와, 그 함수의 증감은 일치한다.

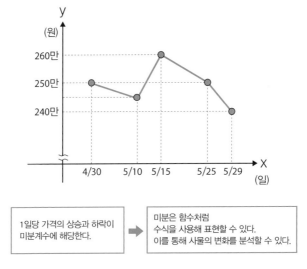

1일당 가격의 상승과 하락이 미분계수에 해당한다.

→ 미분은 함수처럼 수식을 사용해 표현할 수 있다. 이를 통해 사물의 변화를 분석할 수 있다.

미분을 사용하면 함수의 그래프를 분석할 수 있다.

# 미분계수를 다시 알아보기

곡선의 기울기는 그 점에서의 접선의 기울기

---

미분계수에 대해서는 1-22에서 잠깐 살펴봤지만 여기서는 조금 더 자세하게 알아보도록 하자.

직선 형태를 띠는 함수의 그래프는 쉽게 분석할 수 있다. 그래프의 어느 점을 취해도 그 기울기는 항상 일정하기 때문이다.

반면 오른쪽 페이지와 같이 곡선을 그리는 그래프는 그 위치에 따라 기울기가 변화하게 된다.

그렇다면 곡선 그래프의 기울기는 어떻게 구하면 좋을지에 대해 고민하는 과정에서 나온 것이 바로 미분계수이다. 함수의 분석에서는 변화의 상태, 즉 그래프의 기울기를 아는 것이 매우 중요하기 때문이다.

미분계수는 오른쪽 페이지의 아래 그림과 같은 방법으로 구할 수 있다.

우선 기울기를 구하고자 하는 점으로부터 x 방향으로 일정한 거리만큼 평행이동한 점을 잡는다. 두 점을 직선으로 연결하면 이 직선의 기울기를 구할 수 있다.

하지만 그 기울기는 곡선의 기울기와는 다르다. 그래서 두 점을 '한없이' 가깝게 해본다.

두 점이 하나가 되어 버리면 직선의 기울기를 구할 수 없지만 이 경우에는 점이 계속해서 서로 떨어진 상태에 있기 때문에 기울기를 구할 수 있다.

그리고 이 기울기는 기울기를 구하고자 하는 점의 접선에 '한없이' 가까워진다는 것이 미분계수의 개념이다. 이를 통해 곡선의 기울기는 그 점에서의 접선의 기울기와 같다는 사실을 알 수 있다.

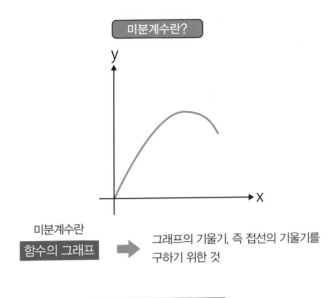

미분계수란?

미분계수란
함수의 그래프 ➡ 그래프의 기울기, 즉 접선의 기울기를
구하기 위한 것

어떤 점의 미분계수란?

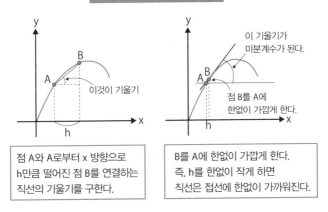

점 A와 A로부터 x 방향으로
h만큼 떨어진 점 B를 연결하는
직선의 기울기를 구한다.

B를 A에 한없이 가깝게 한다.
즉, h를 한없이 작게 하면
직선은 접선에 한없이 가까워진다.

## 이것이 미분계수의 개념!

# 미분계수가 0이 되는 점을 찾기

## 미분을 사용해 사물의 변화를 분석

우리가 사물의 변화를 분석하는 목적 중 하나는 효율을 높이는 것이다. 미분을 사용하면 함수의 최댓값과 최솟값을 구함으로써 가장 효율적인 방법을 알아낼 수 있다.

예를 들어 자전거를 설계할 때는 가장 큰 힘이 들어가는 부분을 계산을 통해 찾아내고 큰 힘을 견딜 수 있는 튼튼한 부품을 만듦으로써 자전거를 오래 사용할 수 있게 한다. 한정된 것을 사용해 최대한 좋게 효율적으로 만드는 것이 분석의 목적이다. 따라서 함수에서 가장 큰 점이나 작은 점을 찾는 것이 중요해진다.

만약 미분계수의 부호가 양이라면 함수는 오른쪽 위로 향하며 증가하고, 음이라면 오른쪽 아래로 향하며 감소하게 된다. 이렇게 미분계수는 함수의 증감 상태를 나타내는 기준이라고 할 수 있다.

그런데 미분계수의 부호가 계속 양이라면 그 함수는 계속 증가하기만 할뿐 변화하지 않기 때문에 분석하는 의미가 없어지고 만다. 미분계수의 부호가 계속 음인 경우도 마찬가지이다.

따라서 미분계수의 부호가 양에서 음으로, 혹은 음에서 양으로 바뀌는 순간이 가장 의미있음을 알 수 있다. 다시 말해 미분계수가 0이 되는 점을 찾으면 되는 것이다.

'미분을 사용해 사물의 변화를 분석한다'는 것은 우선 사물의 변화를 함수 식으로 나타내고, 그 식을 미분을 사용해 분석하는 것, 즉 미분계수가 0이 되는 점을 찾는 것이다. 이러한 과정을 통해 객관적인 분석이 가능해진다.

# 한정된 재료로 오래 가는 자전거를 만들려면?

가장 큰 힘이 들어가는 부분을 튼튼하게 만들어야 한다.
그 부분은 과연 어디일까?

미분을 사용해 분석한다.

> 가장 큰 점이나 가장 작은 점 구하기

단, 미분계수가 ──────➤ 양이면 값이 계속 증가
 ──────➤ 음이면 값이 계속 감소

이렇게 변화가 없는 상태라면 알 수 없다.

미분계수가 양에서 음으로, 혹은 음에서 양으로 바뀌는 점 구하기

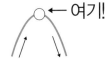 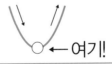

미분이란 미분계수가 0이 되는 점을 찾는 것

# '자유 낙하'를 수학적으로 생각해 보기

### 중력 가속도 g

여기서는 미분계수에 대한 이해를 돕기 위해 높은 곳에서 물건을 떨어뜨렸을 때의 예를 들어보겠다.

우선 자유 낙하라는 개념을 살펴볼 텐데 자유 낙하란 물체에 아무런 힘을 가하지 않고 떨어뜨렸을 때 일정한 가속도로 떨어지는 상태를 말한다. 사과를 쥐고 있던 손을 펼쳐 떨어뜨렸을 때를 생각하면 이해하기 쉽다.

실제 낙하에서는 공기 마찰에 의한 저항이라는 떨어지는 힘을 방해하는 현상이 있다. 하지만 여기서는 공기가 매우 희박한 상공이나 우주 공간처럼 마찰에 의한 저항은 없다고 가정해 보자.

높은 곳에서 물건을 떨어뜨리면 그 물체는 땅을 향해 속도를 높이며 떨어진다. 여기서 시간과 그 시점에서의 위치, 즉 떨어뜨린 장소에서 얼마나 아래로 떨어졌는지를 그래프로 나타내면 오른쪽 페이지의 그림과 같다. 이 그래프는

$$y = \frac{1}{2}gt^2$$

이라는 함수에 가까워진다고 알려져 있다.

여기서 'g'는 중력 가속도를 가리킨다.

중력 가속도란 중력에 의해 낙하하는 물체가 가지는 가속도를 의미하며, 우리가 일상생활에서 느끼는 중력 가속도를 1G라고 한다.

대표적인 예로 롤러코스터의 속도를 표현할 때 흔히 '3.5G의 가속도'라고 하는데 롤러코스터가 중력에 의해 떨어질 때보다 3.5배 빠른 속도로 움직인다는 뜻이다.

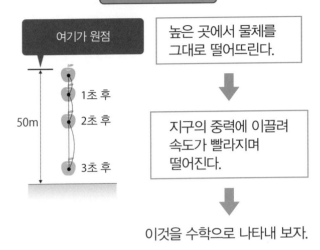

## 시간과 위치의 관계

여기가 원점

높은 곳에서 물체를 그대로 떨어뜨린다.

1초 후

2초 후

50m

3초 후

지구의 중력에 이끌려 속도가 빨라지며 떨어진다.

이것을 수학으로 나타내 보자.

위치와 속도의 관계

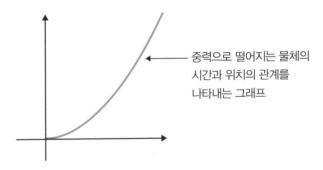

중력으로 떨어지는 물체의 시간과 위치의 관계를 나타내는 그래프

$y = \dfrac{1}{2}gt^2$ 이라는 't의 함수'로 되어 있다.

※ g는 '중력 가속도'를 나타내는 기호

# 시시각각 변하는 사과의 낙하 속도

미분계수는 그 시점의 순간적인 속도

---

손에 든 사과를 높은 곳에서 그대로 떨어뜨렸을 때의 이야기를 계속하겠다.

2-4의 그래프를 보자. 앞에서도 언급했지만 이 그래프의 기울기는 일반적으로 봤을 때 '일정한 시간 동안 물체가 어느 만큼 움직이는가', 여기서는 '어느 만큼 떨어지는가'를 나타내고 있다. 즉, 속도를 나타내는 것이다.

속도가 빠르면 사과는 짧은 시간동안 빠르게 땅으로 떨어지고 느리면 긴 시간동안 천천히 떨어지게 된다. 여기서 미분계수를 구하면 '사과가 떨어진다'는 현상을 '사과가 땅으로 떨어질 때까지 시간이 얼마나 걸릴까'하는 관점에서 분석할 수 있을 것이다.

따라서 이 물체의 움직임을 함수로 나타내면 미분계수는 그 시점에서의 순간적인 속도가 된다.

오른쪽 페이지의 그림과 같이 그래프의 기울기가 크면 속도는 빨라지고 사과는 빠르게 땅으로 떨어진다. 같은 t 방향의 폭에서 그래프가 y 방향으로 더 길게 늘어나는 것이다. 자유 낙하하는 그 함수가 어떤 형태가될지 처음부터 알고 있기 때문에 미분으로 분석하기에 안성맞춤인 현상이다.

오른쪽 페이지의 그래프를 보면 그래프의 기울기가 시간을 가리키는 점 t의 위치에 따라 변화하고 있음을 알 수 있다. 자유 낙하 현상의 경우 사과의 속도는 시시각각 변화하고 있는 것이다.

그렇기 때문에 사과의 움직임을 분석하기 위해서는 미분을 해서 속도를 알아내는 것이 매우 중요하다.

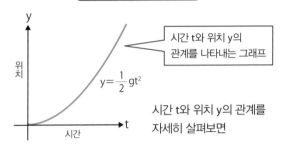

## 미분계수와 속도의 관계

y

위치

$$y = \frac{1}{2}gt^2$$

시간

t

시간 t와 위치 y의 관계를 나타내는 그래프

시간 t와 위치 y의 관계를 자세히 살펴보면

### 그래프의 기울기가 작음

y

위치

2

1

0  1  2  3  4  t

시간

똑같은 위치로 이동하는데 긴 시간이 걸린다.

### 그래프의 기울기가 큼

y

위치

2

1

0  1  2  3  t

시간

똑같은 위치로 이동하는데 짧은 시간이 걸린다.

## 그래프의 기울기 = 미분계수 = 속도

자유 낙하의 경우 시간에 따라 기울기, 즉 속도가 다르다.

## 미분을 사용해 분석하는 것이 중요!

# '속도'와 '시간'의 관계

## 미분계수의 미분계수

사과를 자유 낙하 시켰을 때 시간과 위치의 관계를 그래프로 나타내면 그 기울기는 사과의 속도이자 그 함수의 미분계수임을 알 수 있었다.

한번 미분계수를 구하고 나면 그것만으로 만족하기 쉬운데 수학은 그렇게 단순하지 않다. 각 시간에서의 미분계수를 구함으로써 이번에는 시간과 미분계수의 관계를 그래프에 나타낼 수 있다.

이 그래프는 2-15에서 나올 도함수 그 자체인데, 도함수에 대한 자세한 설명은 그 때 하겠다.

처음부터 시간과 사과의 속도를 생각한다면 그러한 그래프가 나오는 것이 당연하다. 하지만 여기서는 위치와 시간의 관계를 나타내는 함수의 미분계수와 시간의 관계가 또 하나의 함수가 된다는 사실을 알 수 있다.

시간과 속도의 관계를 그래프로 나타내면 오른쪽 페이지의 가운데 그래프와 같은 모양이 된다. 시간과 위치 때와는 다르게 그래프의 형태가 직선이 된다. 그리고 시간과 위치의 관계와 마찬가지로 $v = gt$라는 '함수'가 된다. 여기서 $v$는 속도이고, $g$는 앞에서 나온 중력 가속도를 나타내는 기호이다.

이 그래프는 원점 $(0, 0)$을 지나고 있다. 생각해 보면 자유 낙하는 '손에서 그대로 떨어뜨리는 것'이기 때문에 손에서 떨어지는 순간, 즉 0초 시점에는 사과가 멈춰있는 셈이다. 이를 통해서도 이 그래프가 실제 현상을 제대로 재현하고 있음을 알 수 있다.

이와 같이 속도도 함수가 된다는 것을 알게 되었는데 그렇다면 속도의 미분계수가 무엇을 의미하는지는 2-7에서 살펴보자.

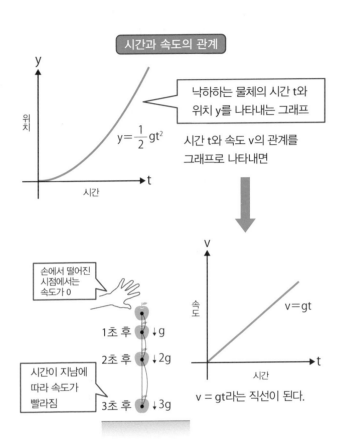

**시간과 속도의 관계**

낙하하는 물체의 시간 t와 위치 y를 나타내는 그래프

$y = \frac{1}{2}gt^2$

위치 / 시간

시간 t와 속도 v의 관계를 그래프로 나타내면

손에서 떨어진 시점에서는 속도가 0

1초 후 ↓g
2초 후 ↓2g
3초 후 ↓3g

시간이 지남에 따라 속도가 빨라짐

속도 / 시간

$v = gt$

v = gt라는 직선이 된다.

**정리하면**

| t(시간) | 0 | 1 | 2 | 3 |
|---|---|---|---|---|
| v(속도) | 0 | g | 2g | 3g |
| y(위치) | 0 | $\frac{1}{2}g$ | 2g | $\frac{9}{2}g$ |

t를 초, y를 m(미터)라고 하면 g의 값은 약 9.8이 된다.

# 시간과 속도의 함수의 미분계수는 '가속도'

속도 자체의 변화

---

2-6에서 나온 시간과 속도의 관계를 나타내는 그래프를 자세히 살펴보자. 앞에서도 언급했지만 일반적으로 볼 때 이 그래프의 기울기는 '일정한 시간 동안 속도가 어느 만큼 변화하는가'를 나타내고 있다. 위치의 경우에는 속도가 위치의 변화를 좌우하듯이 속도의 경우에도 무언가가 속도의 변화를 좌우할 것임을 알 수 있다. 속도는 자동차나 전철 등에 장착된 속도계나 속도위반 단속 카메라 등을 통해 우리 생활에서 쉽게 찾아볼 수 있는데 속도 자체의 변화 상태에 대해서는 그다지 잘 알려지지 않은 것 같다.

이러한 속도의 변화 상태를 가속도라고 한다. 말 그대로 속도에 '더해지기' 때문에 더할 가(加)를 써서 가속도이다. 실제로는 빼야 할 때도 있지만 수학에서는 그런 경우 '마이너스 OO를 더한다'고 표현하기 때문에 '더하기'만 해도 문제가 되지 않는다.

시간과 속도의 관계를 나타낸 그래프에서도 물론 기울기를 구할 수 있다. 위치 때와 마찬가지로 기울기가 커지면 짧은 시간에 속도가 빠르게 올라가고 기울기가 작아지면 긴 시간동안 속도가 천천히 올라간다. 다만 위치의 경우에는 기울기가 0이 되면 그 자리에 멈춰 있음을 나타내는데, 속도의 경우에는 기울기가 0이 되어도 멈춰 있는 것이 아니라 일정한 속도로 움직이고 있음을 나타낸다. 여기서는 사과가 계속 떨어지고 있는 것이다.

이와 같이 자유 낙하에서는 항상 기울기, 즉 가속도가 일정한 등가속도 운동을 함을 알 수 있었다. 이 운동의 가속도가 지구의 중력에 의해 영향을 받기 때문이다. 중력 가속도는 지구의 중력을 나타낸다. 만약 지구의 중력이 시간이나 장소에 따라 변한다면 이 같은 개념이 성립되지 않을 것이다.

## 미분계수와 가속도의 관계

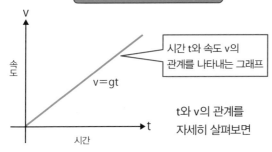

시간 t와 속도 v의 관계를 나타내는 그래프

$v = gt$

t와 v의 관계를
자세히 살펴보면

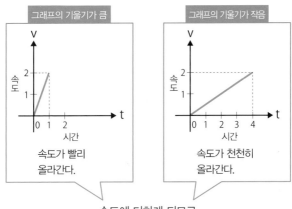

그래프의 기울기가 큼

속도가 빨리
올라간다.

그래프의 기울기가 작음

속도가 천천히
올라간다.

속도에 더하게 되므로
속도의 기울기, 즉 변화의 비율을
가속도라고 한다.

사과의 경우는 시간에 관계없이 기울기, 즉 가속도가 일정

## 가속도가 일정한 운동 = 등가속도 운동

# '위치의 변화'와 '속도', '가속도'의 관계

두 번 미분하기

여기서 지금까지 살펴본 내용을 정리해 보자.

높은 곳에서 물체를 떨어뜨리면 그 물체는 속도가 빨라지면서 땅을 향해 떨어진다. 시간과 그 시점에서의 위치, 즉 떨어뜨린 장소에서 어느 만큼 떨어졌는지를 그래프로 나타내면 오른쪽 페이지의 위쪽 그림과 같다.

앞에서 설명했듯이 이 그래프의 기울기는 일정 시간 동안 물체가 어느 만큼 움직이는가, 자유 낙하의 경우는 어느 만큼 떨어지는가를 나타내므로 그 물체의 속도가 된다. 이 물체의 움직임을 함수로 나타내서 그 함수의 그래프의 기울기인 미분계수를 구하면 그 시점에서의 순간적인 속도가 되는 것이다.

이때 각각의 시간 t와 그 미분계수인 속도와의 관계를 구하면 그것 역시 함수가 될 수 있다.

또한 이 속도의 그래프의 기울기를 구할 수도 있다. 각 시간에서의 속도를 나타내는 그래프를 그려 보면 오른쪽 페이지의 아래쪽 그림이 된다. 그 기울기는 속도가 어떤 비율로 빨라지거나 느려지는지를 나타낸다.

이러한 속도의 변화율을 미적분과 물리의 세계에서는 가속도라고 한다. 앞에서 설명했듯이 현재 속도에 더해지므로 가속도라고 부른다.

그리고 자유 낙하의 경우 시간과 속도를 나타내는 그래프는 그 기울기인 가속도가 일정함을 알 수 있었다. 이는 자유 낙하가 지구의 중력에 이끌려 일어나는 현상이기 때문이다. 이와 같이 우리 주변에서 일어나는 사물의 변화는 미적분과 깊은 관련이 있다.

낙하하고 있는 물체의 '시간'과 '위치'의 그래프

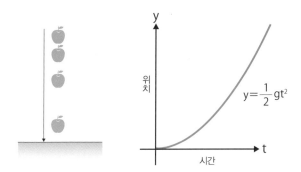

$$y = \frac{1}{2}gt^2$$

물체의 위치(y)를
시간(t)으로 미분

이 그래프의 기울기 = 미분계수 = 속도

낙하하고 있는 물체의 '시간'과 '속도'의 그래프

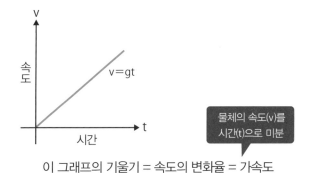

$$v = gt$$

물체의 속도(v)를
시간(t)으로 미분

이 그래프의 기울기 = 속도의 변화율 = 가속도

# 곡선을 직선이라고 가정

**먼저 그래프를 이등분하고 생각하기**

---

간단한 현상 속에 사실은 미분계수가 숨어 있다는 사실을 알았다. 실제 현상을 분석하고 이해하는 데 미분을 활용해 볼 수 있을 것 같은 느낌이 들기 시작했을 것이다.

그런데 지금까지의 미분계수는 어느 한 점을 지정해야만 미분계수를 구할 수 있다는 단점이 있다.

분석하고자 하는 현상이 그래프로 나타냈을 때 직선이 된다면 그나마 괜찮겠지만 실제로 그럴 가능성은 거의 없다고 할 수 있다.

보통 한 점에서의 미분계수를 알았다 하더라도 다른 점에서 어떻게 될지는 전혀 알 수 없다.

지금까지의 이야기를 통해 곡선의 기울기를 구하는 것은 어렵지만 직선의 기울기라면 어떻게든 구할 수 있다는 사실을 알게 되었다.

그렇다면 곡선을 직선이라고 가정해 보면 어떨까?

먼저 가장 단순한 예를 들어 생각해 보자.

오른쪽 페이지의 아래쪽 그림과 같이 그래프를 일단 이등분한 뒤 그 그래프의 기울기를 구해 보자. 이 경우 이등분한 꺾은선의 기울기를 구하면 된다.

곡선과 직선은 모양부터 전혀 다르다며 의아하게 느낄 수도 있다. 하지만 일단 밑져야 본전이라는 생각으로 완만한 커브 형태의 곡선을 꺾은선 모양으로 만들어 보는 것이다.

'곡선을 직선이라고 가정한다'는 생각은 언뜻 보면 의미가 없는 것 같지만 사실은 매우 중요한 부분이다.

미분계수를 계산하면 그 점에서의 그래프의 기울기는 알 수 있다.

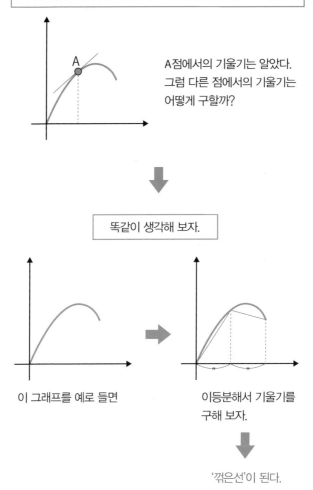

A점에서의 기울기는 알았다.
그럼 다른 점에서의 기울기는
어떻게 구할까?

똑같이 생각해 보자.

이 그래프를 예로 들면

이등분해서 기울기를
구해 보자.

'꺾은선'이 된다.

# 우선 대략적으로 생각해 보기

여러 학문에서 사용되는 '근사'

---

2-9에서는 곡선 그래프를 대강 이등분해서 꺾은선 그래프로 대체했다. 그럼 이 이등분한 꺾은선 그래프를 자세히 잘 살펴보자.

꺾은선의 기울기를 보면 중앙의 구분선을 경계로 원점 쪽은 오른쪽 위로 증가하고, 반대쪽은 오른쪽 아래로 감소하고 있다. 그리고 원래의 곡선 그래프 역시 오른쪽 위로 올라가다가 한 점을 경계로 오른쪽 아래로 내려오고 있다. 또한 두 그래프 모두 위로 볼록한 형태를 취하고 있음을 알 수 있다.

대강 바꾸긴 했지만 이 꺾은선은 원래의 곡선과 비슷한 형태를 갖고 있다.

꺾은선은 직선을 합친 것이므로 중앙을 경계로 달라지는 두 직선의 기울기는 간단한 계산을 통해 구할 수 있다. 대략적이긴 하지만 지금까지 배운 지식만으로도 '분석 비슷한 것은 할 수 있다'는 말이다.

곡선을 꺾은선으로 대체하면 기울기를 계산할 수 있을 것 같다. 그럼 우선 지금까지 배운 지식으로 다룰 수 있을 법한 수준의 분석을 해보자. 그 과정에서 수학 다운 분석을 해 나갈 것이다.

이와 같이 '사물의 변화를 간단하게 이해할 수 있는 형태로 바꿔 대략적으로 파악해 보는 것'을 근사라고 한다. 처음부터 완벽한 결과를 구하지 않고 '먼저 근사해서 이해하는' 방법은 많은 학문에서 사용되고 있다.

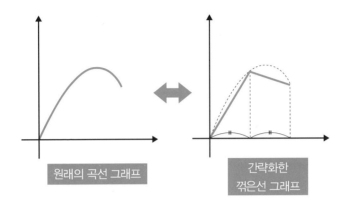

곡선 그래프를 꺾은선 그래프로 가정하기

원래의 곡선 그래프

간략화한
꺾은선 그래프

대략적인 형태는 비슷하다.

곡선의 기울기를 구하는 것은 어렵지만
직선의 기울기라면 비교적 쉽게 구할 수 있다.

따라서 먼저 곡선 그래프를 꺾은선 그래프로
바꿔서 생각해 본다.

# 이등분했던 그래프를 사등분 해보기

원래의 곡선 그래프에 더 가까워지는 형태

2-10의 '곡선 그래프의 기울기를 꺾은선 그래프의 기울기로 가정한 다'는 접근방식을 다시 살펴보자. 가장 간단하게 만든 이등분 꺾은선 그 래프에 원래의 곡선 그래프의 형태가 어느 정도 남아 있는 것은 사실이 지만 '완벽하게 분석 가능하다'고 말하기에는 많이 어설프다.

그럼 더 심도 있는 고찰을 하려면 어떻게 하면 좋을지 생각해 보자. 물론 수학적으로 납득할 수 있는 분석방법이어야 한다.

2-10에서 이등분한 꺾은선 그래프를 이번에는 사등분해서 생각해 보면 어떨까? 사등분한 꺾은선 그래프는 오른쪽 페이지의 아래쪽 그림이다.

이등분했을 때의 그래프와 비교해 보면 사등분했을 때의 그래프가 실제 그래프 형태에 더 가깝다는 것을 한눈에 알 수 있다. 좀 더 실제에 가까운 분석이 가능하다는 말이다.

이와 같이 그래프를 이등분, 사등분한다고 하면 기계적으로 조작한다는 생각을 할 수도 있다. 물론 단순한 이등분이나 사등분이 아니라 각각의 곡선 그래프에 맞춘 최적의 분할 방식과 좀 더 적합한 꺾은선 그래프의 형태가 있을지도 모른다.

하지만 수학은 어떤 것에 대해서도 적용할 수 있어야 한다. 그렇기 때문에 이와 같이 곡선 그래프의 형태에 얽매이지 않고 어떤 모양의 곡선 그래프에든 적용할 수 있는 분석 방법이 결국에는 좋은 결과를 낳게 된다.

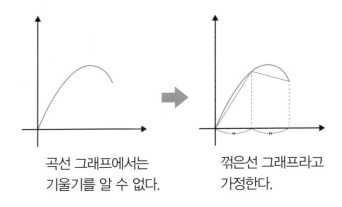

곡선 그래프에서는
기울기를 알 수 없다.

꺾은선 그래프라고
가정한다.

하지만 수학적이지 않아 보이므로
더 잘게 쪼개 본다.

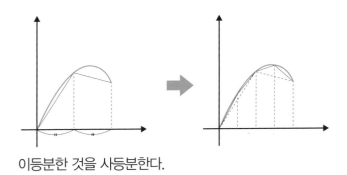

이등분한 것을 사등분한다.

사등분을 하면 이등분을 했을 때보다
훨씬 곡선 그래프에 가까워진다!

# 점점 잘게 쪼갰을 때의 그래프 형태

분할하는 수를 한없이 크게 하기

---

이어서 곡선 그래프의 기울기를 꺾은선 그래프로 생각해 보자. 이등분이었던 것을 사등분으로 만들면, 완성된 꺾은선 그래프가 원래의 곡선 그래프에 더 가까워짐을 알 수 있었다.

따라서 이러한 분할을 반복하면 원래의 곡선 그래프에 가까운 꺾은선 그래프가 되어갈 것임을 쉽게 상상할 수 있을 것이다. 분할하는 횟수를 점점 늘려나가는 것이다. 꺾은선 그래프를 분할하면 할수록 꺾은선 그래프를 원래의 곡선 그래프에 가깝게 만들 수 있다. 다만 이때 수학적으로 지켜야할 최소한의 조건은 같은 폭으로 분할하는 것임을 명심하자.

그런데 '하면 할수록', '가까워진다'는 표현이 계속 등장하는데 사실 앞에서도 비슷한 개념이 등장했다. 1-16에서 나온 극한이라는 개념이다.

분할을 하면 할수록 원래의 곡선 그래프에 가까워지기 때문에 분할하는 횟수를 한없이 크게 하면 원래의 곡선 그래프와 거의 같아질 것이라고 생각할 수 있다 . 즉, 여기서 극한의 개념을 적용하면 꺾은선 그래프로 근사한 것은 수학적으로 맞는 접근방식이라고 할 수 있다. 이것을 '극한의 기호'를 적용해 써 보면 '분할하는 횟수 → ∞라면, 꺾은선 그래프의 기울기 → 원래 곡선 그래프의 기울기'가 된다.

이렇게 해서 '곡선 그래프의 기울기를 꺾은선 그래프의 기울기로 생각해 보는 것은 수학적으로 의미를 가질 수 있다'는 것을 알 수 있었다.

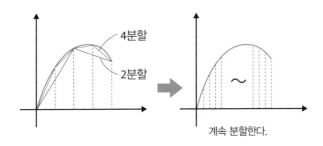

계속 분할한다.

이등분에서 사등분으로,
이런 식으로 계속해서 분할해 나가면
점점 곡선 형태에 가까워진다.

그러므로

분할하는 횟수를 한없이 크게 만든다.

분할하는 횟수를 한없이 크게 해 나가면
꺾은선이라는 개념에 '극한'의 개념을 적용할 수 있다.

'분할하는 횟수 → ∞'

라면

'기울기 → 원래 곡선 그래프의 기울기'

# 꺾은선의 수를 한없이 늘려 보기

폭이 한없이 짧아지는 꺾은선 그래프

---

곡선 그래프의 기울기를 꺾은선 그래프로 생각해 보는 이야기에 조금씩 길이 보이기 시작한 것 같다. 그럼 지금까지 살펴본 내용을 조금 더 수학적으로 생각해 보자. 먼저 '곡선을 여러 개의 꺾은선으로 분할한다'는 표현인데, 수학적 표현이라고 하기에는 조금 모호하다. 그러니 '분할한다'를 '일정한 폭으로 등분한다'고 바꿔 말해 보자. 그럼 훨씬 더 수학적으로 들린다. 이 폭을 'h'라고 부르기로 하고 '폭 h로 등분한다'고 하자.

그러면 여러 꺾은선 중에서 어느 것을 취해도 그 꺾은선의 기울기를 구할 수 있게 된다. 물론 취하는 위치에 따라 기울기의 값은 달라지겠지만 그 값은 원래 곡선의 함수에 따라 결정된다. 여기서 함수의 기호 $f(x)$를 사용하면 위치에 상관없이 어떤 꺾은선의 기울기를 취해도 수식은 같아진다는 것을 오른쪽 페이지를 통해서 알 수 있다.

오른쪽 페이지의 그림은 x라는 한 점을 취했을 때 그 점을 지나는 꺾은선의 기울기가 어떻게 되는지를 나타낸다. 여기서 꺾은선의 수를 한없이 늘리면 어떻게 될까? 꺾은선의 수를 늘리면 꺾은선 하나하나의 폭은 점점 짧아져 0에 가까워진다. 다시 말해 h를 0에 가깝게 했을 때의 극한을 계산하는 것과 같아진다. 이것을 식으로 나타내면 오른쪽 페이지의 아래쪽 식과 같다. 미분계수를 구하는 식과 비슷한데 미분계수의 'a'라는 기호는 값이 정해져 있는 반면 이 식의 'x'라는 기호는 무엇을 넣어도 상관없다는 점에서 다르다.

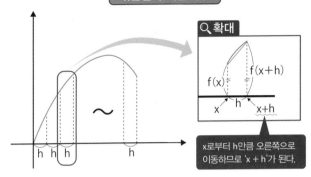

꺾은선과 미분계수

확대

$f(x)$ — $f(x+h)$

$x$ $h$ $x+h$

x로부터 h만큼 오른쪽으로 이동하므로 'x + h'가 된다.

폭 'h'씩 등분한다.

꺾은선의 기울기를 구하면 $\dfrac{f(x+h)-f(x)}{h}$

분할하는 횟수를 한없이 크게 한다.

각각의 꺾은선의 폭은 0에 '한없이' 가까워진다.
제1장에서 나온 극한의 기호 'lim'를 사용하면
아래와 같은 식이 된다.

$$\lim_{h \to 0} \frac{f(x+h)-f(x)}{h}$$

제1장에 나온 미분계수와 꼭 닮았다.

# x방향의 증분 'dx', y방향의 증분 'dy'

기울기가 $\frac{dy}{dx}$인 꺾은선 그래프가 무한히 존재

곡선 그래프의 기울기를 꺾은선 그래프로 생각해 나감으로써 '미분'이라는 개념에 점점 가까워지고 있다. 다음으로 2-13에서 수식으로 나타낸 부분을 조금 더 일반적인 기호로 바꿔 보자. 지금까지 '수식'이나 '수치를 나타내는 기호'로만 써왔는데 이것을 더 간단하게 표현해 보겠다.

우리는 곡선 그래프를 같은 폭의 꺾은선으로 등분하기로 했다. 여기서 x방향의 폭을 Δx, y방향의 수직 폭을 Δy라 부르고 각각 x방향의 증분, y방향의 증분이라 부르기로 한다. '증분'이라는 말이 생소하게 들릴 수도 있겠지만 가격의 '차액'과 비슷한 개념으로 이해하면 된다. 증분은 '변화량'이라고도 한다.

이제 각각의 꺾은선의 기울기는 $\frac{\Delta y}{\Delta x}$라는 간단한 형태로 나타낼 수 있다. x방향의 변화량은 2-13에서 'h'로 정했기 때문에 이전에도 복잡하지 않았다. 반면 여러 함수 기호로 나타냈던 y방향의 변화량은 'Δy'를 사용하면 훨씬 간단해진다.

여기서 '꺾은선을 한없이 많이 만든다'는 순서를 거치는데 이 '한없이 잘게 나눈 꺾은선'은 어디까지나 우리 머릿속으로 생각한 것일 뿐 실제로는 존재하지 않는다. 그렇기 때문에 지금까지의 개념으로는 표현할 수 없다.

그래서 dx와 dy라는 새로운 기호를 사용하는 것이다. 제2장에서 나온 '한없이 가깝게 할 수 있다'는 '무한'의 개념에 포함되는 애매한 부분을 모두 dx라는 기호로 바꾼다.

결국 기울기가 $\frac{dy}{dx}$인 꺾은선이 무한히 존재한다고 생각하면 된다.

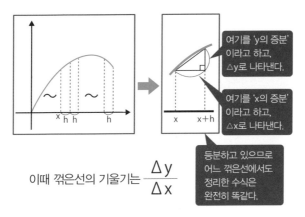

> 여기를 'y의 증분'이라고 하고, △y로 나타낸다.

> 여기를 'x의 증분'이라고 하고, △x로 나타낸다.

> 등분하고 있으므로 어느 꺾은선에서도 정리한 수식은 완전히 똑같다.

이때 꺾은선의 기울기는 $\dfrac{\Delta y}{\Delta x}$

하지만 한없이 잘게 나눈 꺾은선은 실제로는 존재하지 않는다.

그래서 dx와 dy라는 기호를 사용한다.

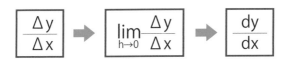

$$\dfrac{\Delta y}{\Delta x} \Rightarrow \lim_{h \to 0} \dfrac{\Delta y}{\Delta x} \Rightarrow \dfrac{dy}{dx}$$

이 경우 기울기가 $\dfrac{dy}{dx}$인 꺾은선이
'무한히 존재한다'고 생각한다.
단, 기울기는 위치에 따라 다르다.

# 도함수란?

## 도함수를 구한다는 것은 미분을 하는 것

---

2-14에서 나온 $\dfrac{dy}{dx}$는 각 점에서의 곡선 그래프의 기울기를 나타낸 것이었다. 미분계수의 모임이라고 생각해도 상관없다. 다만 곡선 그래프의 경우 보통 점에 따라 기울기가 변하기 때문에 하나로 정해진 미분계수로 표현할 수는 없다. 따라서 $\dfrac{dy}{dx}$라는 것은 x와 그 점에서의 곡선 그래프의 기울기 간의 관계를 나타내는 것이며 미분계수를 나타내는 함수라고 할 수 있다.

이와 같은 미분계수를 나타내는 함수를 도함수라고 부른다. 원래의 곡선 그래프를 나타내는 함수에서 '도출된다'고 해서 도함수라고 한다. 지금까지 살펴본 극한 계산을 실제로 해보면 이 도함수를 구할 수 있다.

그리고 도함수를 구하는 것을 '미분한다'고 한다. 사물의 변화를 분석하기 위해 그것을 나타내는 함수를 미분해 도함수를 구하고 그 도함수를 고찰함으로써 미분의 목적인 최댓값·최솟값을 구할 수 있다.

제1장과 일부 중복되는 부분도 있었지만 이로써 미분의 의미를 이해했을 것이라 생각한다. '어느 한 점에서의 기울기를 구한다'는 미분계수의 개념을 '함수의 어느 기울기에서도 알 수 있도록 확대한 것'이 미분 개념의 기본이라고 할 수 있다.

2-16부터는 먼저 '미분을 사용해 사물의 변화를 어떻게 분석해 나갈 것인가'를 설명한 뒤, 간단하고 알기 쉬운 예를 가지고 실제 미분을 사용해 문제를 해결하는 과정을 살펴보겠다. 실제 예에 대입해 봄으로써 '미분의 개념'을 더 잘 이해할 수 있을 것이다.

**도함수는 미분계수를 나타내는 함수**

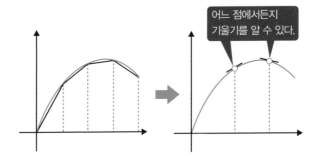

어느 점에서든지 기울기를 알 수 있다.

곡선 그래프를 꺾은선 그래프로 가정하고
그 극한을 구하면
구하고 싶은 점의 기울기를 알아낼 수 있다.

## 하지만

기울기는 위치에 따라 다르다.

그래서 '기울기를 나타내는 함수'가 필요하다.

그러한 함수를 '도함수'라고 한다.

# 미분을 사용한 문제 분석
### 사물의 변화를 수식으로 나타내고 분석하기

실제로 미분 계산에 들어가기에 앞서 우선 미분을 사용한 분석의 틀부터 생각해 보자. 미분을 사용한 분석을 하기 위해서는

① 사물을 수식으로 나타내는 능력

② 그 수식 자체를 '분석'하는 능력

이 두 가지가 필요하다. 실제로 수학에서는 분석하는 사물의 변화를 수식으로 바꾼 다음 그 수식을 분석하는 순서를 거친다.

함수의 미분을 의미하는 기호는 2-15와 제1장에서 나온, y를 x로 미분하는 기호인 $\dfrac{dy}{dx}$를 사용하고 y를 f(x)로 치환하기도 한다. 그러나 함수 안의 미분할 기호가 분명한 경우, 예를 들어 변수가 x뿐인 경우에는 대부분 함수 기호 f에 '(프라임)을 붙여 f'으로 나타낸다. 이 f'은 도함수를 나타내는 기호로 미분계수와 x의 관계를 나타내는 함수이다.

제1장에서 미분계수를 구할 때는 x를 h만큼 평행이동했을 때의 기울기를 구하고 h를 0에 가깝게 만드는 극한 계산을 했다. 하지만 실제 미분 계산에서 일일이 그렇게 하려면 힘이 들기도 하고, 비슷한 계산을 반복해 봤자 아무런 소용이 없다.

그러므로 기본이 되는 미분 계산을 미리 기억해 두고 그것들을 적절히 조합함으로써 복잡한 함수를 미분하고 도함수를 구한다. 미분 계산에서 주의해야 할 점은 공식을 사용해야 할 부분과 그렇지 않은 부분을 정확하게 판단할 필요가 있다는 것이다. 그 요령만 파악한다면 미분 계산은 비교적 간단해진다.

## 미분을 사용한 문제 분석

### 문제가 주어짐

문제1  어떤 물건의 가격을 분석하고 싶다.

문제2  자전거 프레임에 가해지는 힘은?

### 수식으로 나타냄

구체적으로는 f(x) = 3x$^2$ + 4x + 1과 같은 것

 미분하기

도함수를 구하고 그것을 바탕으로 고찰한다.

$$\frac{dy}{dx} = f'(x)$$  ※ '(프라임)은 '한 번 미분했다'는 뜻

분석 가능

# 함수는 실제로 그래프를 그려 분석

## 정확한 분석의 비결

'미분을 사용해 사물의 변화를 분석한다'고 하면 수식만 처리하면 될 것이라고 생각하기 쉽다. 하지만 반드시 그렇다고 할 수는 없다. 여기서는 수식의 의미를 제대로 파악하려면 어떻게 하면 좋을지 생각해 보자.

미분을 사용해 문제를 해결하고자 할 때 미분 계산만이라면 교과서에 실려 있는 공식을 사용하면 수식의 의미까지는 모르더라도 얼마든지 풀 수 있다.

그러나 사물 변화의 분석은 지금부터가 시작이다. 미분 계산은 분석을 위한 입구에 지나지 않는다고 할 수 있다. 참고로 미적분학의 세계에서는 이러한 수식의 분석을 해석이라고 하는데 이 책에서는 이해하기 쉽도록 분석이라는 말로 통일한다.

수식만 처리하면 문제를 해결할 수 있는 경우도 있지만 제대로 문제를 파악해 함수를 분석하기 위해서는 그 함수의 그래프를 그려 보는 것이 가장 좋은 방법이다. 그래프를 그리면 계산 오류를 찾기 쉬울 뿐만 아니라 예상치 못한 실수도 막을 수 있다. 따라서 먼저 그래프를 그릴 수 있어야 한다.

그런 다음 기본 공식을 익힌 상태에서 어느 정도 연습하면 미분 계산 자체는 비교적 쉽게 마스터할 수 있다. 그리고 정확한 분석을 하기 위해서는 이론대로 그래프를 그려 고찰해 보는 것이 중요하다.

2-18에서는 그래프를 정리하기에 앞서 알고 있어야 할 중요한 개념을 소개하겠다.

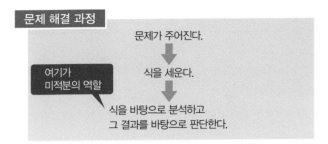

문제가 주어진다.

식을 세운다.

여기가
미적분의 역할

식을 바탕으로 분석하고
그 결과를 바탕으로 판단한다.

예를 들어, $f(x) = 2x^3 + 3x^2 - 12x + 3$ 이라는 식이 있다.
미분하면 식만 가지고도 분석할 수 있다.

$$f'(x) = 2 \times 3x^2 + 3 \times 2x - 12 \times 1 + 0$$

$x^3$의 미분   $x^2$의 미분   $x$의 미분

미분의 계산 방법은
나중에 설명

$$f'(x) = 6x^2 + 6x - 12$$

이해하기 어렵다.
설득력도 없고 실수해도 알아차리기 힘들다.

그래서 그래프를 사용한다.

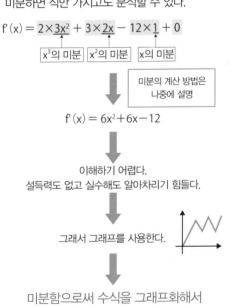

미분함으로써 수식을 그래프화해서
알기 쉽게 만든다.

# 도함수가 0이 되는 점 찾기

## 함수의 기울기를 나타내는 도함수

도함수는 미분을 계산하면 누구나 도출할 수 있다. 여기서는 도함수에 대해 자세히 살펴보도록 하자.

앞에서 설명한 것과 같이 도함수는 'x와 x에서의 미분계수의 관계'를 나타내는 함수이다. 참고로 여기서의 x는 위치를 뜻한다. 미분계수는 정해진 점에서의 함수 그래프의 기울기이기 때문에 활용이 조금 까다롭지만 도함수는 함수의 기울기 그 자체를 나타내는 함수이기 때문에 폭 넓게 쓸 수 있다.

여기서 도함수의 그래프의 기울기가 양이라면 어떤 형태든 일단 함수의 그래프는 무조건 오른쪽 위로 증가한다는 사실을 알 수 있다. 반대로 기울기가 음일 때는 오른쪽 아래로 감소한다.

여기서 알고 싶은 것은 함수가 '증가하는지' 아니면 '감소하는지'이므로 구체적인 기울기의 값은 당장 필요하지 않다. 중요한 것은 그래프의 대략적인 형태를 잡는 것이다.

그렇다면 이미 여러 번 언급했듯이 도함수가 양에서 음, 혹은 음에서 양으로 바뀌는 점, 즉 도함수가 0이 되는 점을 찾는 것이 매우 중요해진다.

도함수가 0이 되는 점 이외에는 음양의 여부만 알면 되므로 그 이상 자세히 조사할 필요는 없다. 도함수가 0이 되는 점은 방정식을 사용해 도출하면 된다. 양인지 음인지는 도함수의 형태를 보면 대략적으로 알 수 있다. 실제로 적당한 숫자를 대입해 알아봐도 상관없다.

'도함수가 0이 되는 점'의 의미는 2-19에서 자세히 알아보기로 한다.

## 도함수와 그래프의 기울기

도함수 f'(x) = 함수 f(x)의 기울기를
나타내는 함수

⬇

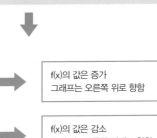

f'(x)의 기울기가

양일 때(／)  ➡  f(x)의 값은 증가
그래프는 오른쪽 위로 향함

음일 때(＼)  ➡  f(x)의 값은 감소
그래프는 오른쪽 아래로 향함

즉, 도함수의 음 / 양을 조사하면
함수의 증감 상태를 알 수 있다.

중요한 것은 음과 양의 경계가 되는 점,
즉 도함수가 0이 되는 점

# 극대점 · 극소점과 최대점 · 최소점

좁은 범위에서 볼지, 전체를 볼지 생각하기

도함수가 0이 되는 점은 함수 그래프의 접선의 기울기가 수평이 되는 점이기도 하다. 그 점 주위의 좁은 범위만 보면 해당 도함수가 0이 되는 점은 함숫값이 가장 크거나 가장 작다. 큰 점은 극대점, 작은 점은 극소점이라고 하고 그 값은 각각 극댓값 · 극솟값이라고 한다. 그래프에서 위나 아래로 볼록 튀어나온 지점이다. 극대점 · 극소점은 그 주변 범위 내에서 가장 크거나 작은 점이다. 그런데 함수 전체를 두고 보면 극대점과 극소점보다 더 크거나 작은점이 존재할 때가 있다. 이 점을 각각 최대점 · 최소점이라고 부르며 함수 전체에서 가장 크거나 작은 점이다.

함수의 조건에 따라서는 '양 끝의 점을 포함한 구간'처럼 어떤 형태로 정의역이 지정되어 있을 때가 있다. 이런 경우 최대점 · 최소점이 반드시 존재한다. '여기서부터 여기까지'라는 영역이 설정되어 있으므로 그 영역 내에서 최대점 · 최소점을 찾는 것은 간단하다. 다만 이때 최댓값 · 최솟값이 극댓값 · 극솟값과 일치할 수도 있고 그렇지 않을 수도 있다. 그래서 극대점 · 극소점 외에 정의역 양 끝의 점도 확인한 뒤 최댓값 · 최솟값을 구해야 한다.

정의역이 실수 전체인 경우 함수의 성질에 따라 최댓값 · 최솟값이 존재하지 않을 때도 있다. 이유는 그 값이 무한대나 무한소가 되기 때문이다. 그럼에도 극댓값 · 극솟값이 존재할 가능성은 있다. 미분 계산은 함수의 최댓값 · 최솟값을 구하기 위한 것이기도 하지만 화학 같은 분야에서는 극댓값 · 극솟값을 구할 목적으로 미분 계산을 활용하는 경우도 많다.

극대점·극소점이란? ➡ 도함수의 값이 0인 점

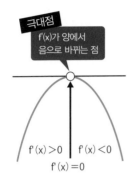

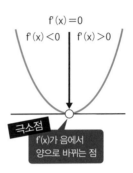

 최댓값·최솟값이란? ➡ 함수 중에서 가장 큰 값과 작은 값. 극댓값·극솟값과 일치할 때도 있고 그렇지 않을 때도 있다.

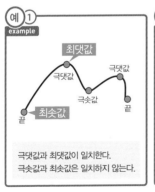

예 ①
example

극댓값과 최댓값이 일치한다.
극솟값과 최솟값은 일치하지 않는다.

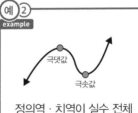

예 ②
example

정의역·치역이 실수 전체

극댓값·극솟값은 존재하지만
최댓값·최솟값은 무한대·무한소가
되어 존재하지 않는다.

# 100m짜리 로프로 만들 수 있는 가장 큰 화단

화단의 여러가지 형태

---

지금까지 미분의 개념에 대해 설명하고 그것을 어떻게 분석에 사용할 것인지 알아봤다. 여기서는 지금까지 배운 방법을 어떻게 실제 계산에 적용할 지 간단한 문제를 통해 살펴보자.

여기 길이가 100m인 로프가 있다. 이 로프를 이용해 공터에 화단을 만든다고 하자. 토지에 여유가 있기 때문에 화단의 면적은 최대한 크게 하려고 한다. 로프를 지탱하려면 막대기가 필요한데 막대기를 연결하는 데 필요한 로프의 길이는 생각하지 않는다.

그렇다면 여기서 문제가 되는 것은 화단의 형태이다. 어떤 형태로 만들어야 화단의 면적이 가장 클까?

먼저 '면적이 가장 큰 것은 직사각형'이라고 생각하는 사람이 있을 것이다. 그럼 세로 길이와 가로 길이는 어떻게 정해야 할까?

'길면 길수록 좋다'고 생각하는 사람도 있을 테지만 한쪽 길이를 너무 길게 하면 로프를 단순히 반으로 접은 형태가 되어 버리고 만다. 그렇다면 '정사각형 화단의 면적이 가장 크지 않을까?'하고 생각하는 사람도 있을 것이다.

하지만 언뜻 보고 나온 생각만 가지고는 제대로 된 분석을 할 수 없다.

여기서는 로프의 길이를 바꾸지 않고 다양한 크기의 사각형을 만들었을 때 면적이 어떻게 바뀌는지 미분을 사용해 분석해 보자.

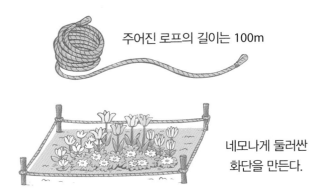

주어진 로프의 길이는 100m

네모나게 둘러싼
화단을 만든다.

같은 길이의 로프라도 다양한 크기의 화단을 만들 수 있다.

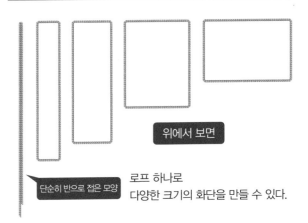

위에서 보면

단순히 반으로 접은 모양

로프 하나로
다양한 크기의 화단을 만들 수 있다.

이 중에서 가장 큰, 즉 가장 면적이 넓은
화단은 어느 것일까?

# 현실 세계의 문제를 수학문제로 나타내기

'화단의 면적'은 '사각형의 면적'

---

'100m짜리 로프 하나로 화단을 만들기'. 이처럼 우리의 생활에 가까이 있지만 수학과는 별로 관련이 없어 보이는 문제를 어떻게 수학적으로 생각할 수 있을까? 이것은 상당히 어려운 문제이다.

흔히 미적분이라고 하면 계산이 가장 어려울 것이라고 생각한다. 물론 계산 자체는 조금 어려울 수 있지만 꾸준히 연습하다 보면 차츰 수월해지기 마련이다. 정작 미적분에서 가장 어려운 부분은 미적분의 계산 자체가 아니라, 현실의 문제를 미적분으로 풀 수 있도록 어떻게 '수학적으로 표현'하는가이다. 말하자면 생각의 전환이 중요한 것이다. 그 다음은 '손을 움직여' 미적분을 계산하기만 하면 된다.

이 문제에서는 '화단의 면적'이라고 되어 있는데 실제로 구하는 것은 '사각형의 면적'이다. 가로 길이가 a이고 세로 길이가 b인 사각형을 생각해 보자. 그러면 오른쪽 페이지의 그림과 같은 사각형이 생긴다. 여기서 이 사각형을 펼쳐 일직선으로 만들면, 사각형 아래의 그림과 같이 길이가 $a+b+a+b=2(a+b)$인 직선이 된다.

로프의 길이가 100m이므로 이 경우 $2(a+b)$가 100m가 된다. 이때, 이 직사각형 면적은 $a \times b(m^2)$이다.

즉, 100m짜리 로프를 사용해 만들 수 있는 화단의 면적을 분석한다는 것은 결국 '네 변의 길이의 합이 100m인 사각형의 면적은 얼마인가'하는 수학문제로 바꿀 수 있다. 그리고 이 상태에서 미분을 사용해 문제를 분석하면 되는 것이다.

그림 2-22에서 실제로 미분을 사용해 이 문제를 풀어 보도록 하자.

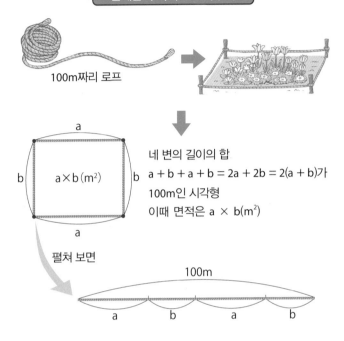

100m짜리 로프

네 변의 길이의 합
$a + b + a + b = 2a + 2b = 2(a + b)$가
100m인 사각형
이때 면적은 $a \times b (m^2)$

$a \times b (m^2)$

펼쳐 보면

100m

a     b     a     b

정해진 길이의 로프로
최대한 넓은 화단을 만든다.

네 변의 길이의 합계가 100m인 사각형의 면적은
어떻게 될까?

여기서부터 미분을 사용해 분석한다.

# 세로 길이를 일단 x로 놓고 보기

먼저 한 가지를 골라 가정하는 것이 중요

---

지금부터 실제로 면적을 분석해 나갈 텐데 미분의 경우 '미분할 대상인 식'이 없으면 아무것도 할 수 없다. 그래서 2-21에 나온 가로 길이가 a, 세로 길이가 b인 사각형을 떠올려 보자.

먼저 가로 길이를 일단 x로 놓는다. 이 '일단'이라는 것이 사물의 변화를 미분으로 나타낼 때 중요한 지점이다. 무언가를 하나 정한 뒤 나머지가 어떻게 될지를 생각하고, 안 되면 또 다르게 생각해 보며 시행착오를 거듭하는 것이 중요하다.

가로 길이를 정했다면 세로 길이는 어떻게 될까? 로프의 길이는 100m로 정해져 있으므로 가로 길이를 정하면 당연히 세로 길이도 정해진다. 가로와 세로 길이가 정해지면 면적 역시 정해진다.

즉, 여기서는 가로 길이만 정하면 면적도 정해지는 것이다.

2-21에서 나온 $2(a + b) = 100$이라는 관계를 사용하면 $a + b = 50$이다. 가로 $a$를 $x$로 놓으면 세로 $b$는 $50-x$이다. 면적은 가로 × 세로이므로 $x(50 - x)$이다. 면적을 $S$로 놓고 식을 전개하면 $S = 50x - x^2$이 된다.

여기서 주의해야 할 것은 이 함수의 정의역이다. 면적이기 때문에 정의역은 당연히 양의 값을 취하고, 여기서는 로프의 길이가 제한되어 있으므로 $x$에 상한이 있다. 100m짜리 로프를 길게 반으로 접었을 때의 길이인 50이 상한이 된다.

이렇게 해서 면적을 나타내는 함수를 만들었다. 2-23에서는 미분의 계산 방법을 적용해 실제로 계산을 해보자.

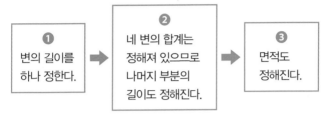

일단 a를 x로
놓는다.

**2** $2(a + b) = 100$이므로 a = x로 놓으면
$x + b = 50$에 의해

$b = 50 - x$가 된다.

**3** (사각형의 면적) = (가로 길이) × (세로 길이)
따라서 가로의 길이가 x인 화단의 면적 S는
$S = x(50-x)$

$$= 50x - x^2$$

단, x는 0 ~ 50으로 제한된다. 그러므로

정의역은 $0 \leqq x \leqq 50$

S는 x의 이차함수가 된다.

# 미분의 공식 $(x^n)' = nx^{n-1}$

### 단순해서 기억하기 쉬운 미분 공식

앞에서 함수를 구하는 방법을 배웠으니 이번에는 미분을 해보자. 지금까지처럼 일일이 계산하는 것이 아니라 공식을 사용하면 훨씬 편리하다. 오른쪽 페이지의 그림은 제1장의 마지막 부분에서 계산한 함수와 도함수를 나열한 것이다. 이들을 자세히 들여다보면, 한 가지 경향이 있다는 사실을 알 수 있다.

우선 함수를 미분하면 몇 제곱인지 나타내는 차수가 도함수의 계수가 된다. 또 차수가 그에 대응하는 함수의 차수보다 1제곱만큼 낮아진다. 만약 원래의 함수가 2제곱이면 도함수는 1제곱, 3제곱이면 2제곱, n제곱이면 n-1제곱이 되는 것이다.

x의 거듭제곱의 수가 양의 정수인 함수에서는 오른쪽 페이지와 같은 미분 공식이 성립된다. 참고로 이것을 증명하려면 이항정리라는 수학의 정리가 필요한데 여기서는 간단하게 설명하기 위해 결과만을 사용하겠다.

이 공식은 매우 기억하기 쉽다. 왜냐하면 원래 함수의 차수를 앞으로 가져오고, 차수에서 1을 빼면 순식간에 미분을 계산할 수 있기 때문이다. 이 공식은 미분 계산에 꼭 필요하므로 확실하게 기억해 두자.

여기서 (  )'라는 새로운 기호를 하나 더 설명하겠다. 이 기호는 '괄호 안의 함수를 미분한다'는 뜻으로 쓰인다. 사실 미분의 기호는 다양한데, 미분되는 기호가 분명한 경우에는 그 중 몇 가지만 적당히 선택해 사용하는 경향이 있다. 다양한 기호를 전부 외우기는 힘들겠지만 점차 익숙해지면 필요에 따라 자연스럽게 구별해 사용할 수 있게 된다.

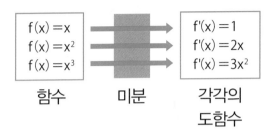

$$f(x) = x \qquad\qquad f'(x) = 1$$
$$f(x) = x^2 \qquad\qquad f'(x) = 2x$$
$$f(x) = x^3 \qquad\qquad f'(x) = 3x^2$$

함수　　　　미분　　　　각각의
　　　　　　　　　　　　　　도함수

➡ $f(x) = x^n$이라면 $f'(x) = nx^{n-1}$
　　 ※ n은 정수라면 무엇이든 상관없다.

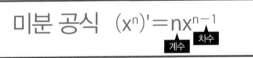

미분 공식　$(x^n)' = nx^{n-1}$
계수　차수

※ ( )'이란, ( )안의 식을 미분한다는 뜻

외우는 법

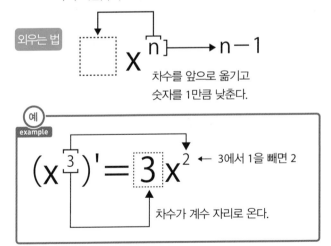

$x^n \longrightarrow n-1$

차수를 앞으로 옮기고
숫자를 1만큼 낮춘다.

예
example

$$(x^3)' = 3x^2 \quad \leftarrow \text{3에서 1을 빼면 2}$$

차수가 계수 자리로 온다.

# '다항식'을 미분하는 방법

하나씩 나누어 미분하기

미분해서 도함수를 구하는 공식은 2-23에서 살펴봤다. 하지만 2-22에서 구한 화단 면적의 함수 $S = 50x - x^2$은 이 공식만 가지고는 미분하기가 어려워 보인다.

분석하려는 현상을 식으로 표현해 보면 여러가지 요소를 섞어둔 것 같은 복잡한 식이 된다. 이 식을 미분계수를 구했을 때와 마찬가지로 'x를 h만큼 평행이동해서' 와 같은 방식으로 풀기는 힘들다.

하지만 이처럼 복잡한 형태의 함수라도 쉽게 미분할 수 있는 방법이 있다. 앞서 1-19에서 lim를 계산할 때 함수끼리 더한 형태의 식을 하나씩 나누어 계산한 적이 있다. 그것과 마찬가지로 미분 계산도 하나씩 나누어서 하면 된다. 또 함수에 계수가 붙어 있는 경우는 일단 계수가 없는 상태에서 미분한 뒤 계수를 곱하면 된다.

이 두 가지 방식을 조합하면 오른쪽 페이지와 같이 언뜻 복잡해 보이는 계산도 쉽게 풀 수 있음을 알 수 있다. 요점은 일단 하나씩 부분으로 나눈 뒤 공식에 맞춰 풀어가는 것이다.

여기서 주의해야 할 점은 미분해서 나오는 계수와 원래부터 함수에 걸려 있는 계수를 제대로 곱해야 한다는 것이다. 이 부분에서 계산을 잘못하는 경우가 꽤 많은데, 아직 익숙하지 않을 때는 계산 과정을 꼼꼼히 적어가며 푸는 것이 좋다.

이제 미분을 계산하는 방법은 대강 이해했을 것이다. 그럼 2-25에서는 실제로 미분을 사용해 함수를 분석하는 방법을 알아보자.

lim와 마찬가지로 하나씩 나누어 미분할 수 있다.

$$\{f(x) + g(x)\}' = f'(x) + g'(x)$$
$$\{af(x)\}' = af'(x)$$

조합하면

$$\{af(x) + bg(x)\}' = af'(x) + bg'(x)$$

예 example

$$f(x) = 50x - x^2$$
$$f'(x) = 50 \times 1 + (-1) \times 2x$$

↑ 미분       ↑ 미분

x            $x^2$

$$= 50 - 2x$$

다항식의 미분은 $x^n$의 미분 공식을 사용해
하나씩 해나가면 된다.

# x로 미분해 면적의 변화를 분석하기

x가 0이면 면적은 0, x가 10이면 면적은 400

---

2-24까지의 설명을 통해 미분의 계산 방법은 대략 이해했을 것이다. 여기서는 앞에서 구한 '화단의 면적을 나타내는 함수' $S = 50x - x^2$에 대해 생각해 보자.

예를 들어 x가 0일 때는 어떻게 될까?

x에 0을 대입한다는 것은 세로 길이가 0이라는 뜻이다. 이것은 로프를 절반으로 접은 상태에 해당하는데 면적도 당연히 0이 된다. 즉, 꽃을 심을 수 있는 공간은 전혀 없다.

그럼 이번에는 x가 10일 때를 생각해 보자.

x에 10을 대입하면 함수의 값은 400이 된다. 세로가 10m이면 가로는 40m가 되므로 면적이 400m²이 된다.

이렇게 함수와 실제 화단의 면적을 비교해 봤는데, 다음은 실제로 이 함수를 미분해 보자. 계산 방법은 앞에서 언급했으므로 여기서는 간단하게 설명하겠다. 가로 길이 x를 변화시켰을 때의 면적의 변화를 조사하고 있으므로 x로 미분하면 면적의 변화를 분석할 수 있다.

실제 계산 순서는 2-24와 마찬가지로 '하나씩 미분해 나가는' 것이 기본이다. 실제로 계산할 경우 오른쪽 페이지와 같이 일차함수와 이차함수의 미분이 된다.

2-24의 순서에 따라 하나씩 계산하면 여기서의 도함수는 $S' = 50 - 2x$가 됨을 알 수 있다. 이차함수의 도함수이므로 일차함수로 나온 것이다.

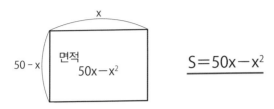

$$S = 50x - x^2$$

# 화단의 면적은 x에 따라 변화한다.

예 ①
example

$$x = 0, S = 0$$

로프를 접기만 한 상태이므로
면적은 0이 되어 꽃을 심을 수 없다.

예 ②
example

$$x = 10, S = 50 \times 10 - 10 \times 10 = 400$$

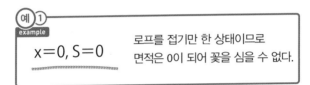

x로 미분함으로써
면적의 변화를 분석할 수 있다.

S를 x로 미분

$$S = 50x - x^2$$

미분     미분     미분

$$S' = 50 - (2x)$$

└ S를 미분한 것(도함수)

# 도함수가 0이 되는 점을 계산하기

### x가 25일 때의 도함수는 0

---

2-25에서 도함수를 구했으므로 여기서부터는 드디어 미분 계산의 클라이맥스다. 이제 도함수가 0이 되는 점을 구하는 계산에 들어가 보자.

2-25의 계산에서 도함수는 $S' = 50 - 2x$라고 구해됐다. 이 도함수의 값이 0이 되는 점을 구하기 위해서는 $S' = 0$이라는 방정식, 즉 $50-2x = 0$이 되는 x의 값을 구한다.

일차방정식이므로 간단한 계산으로 풀 수 있다. 계산을 하면 오른쪽 페이지와 같이 도함수 $S'$의 값이 0이 되는 것은 x가 25일 때이다.

이 결과를 사용해 도함수의 그래프를 그려 보자. 도함수는 일차함수이므로 그래프는 오른쪽 페이지와 같은 직선이 된다. 그래프를 보면 x = 25를 경계로 x가 25보다 작을 때는 도함수가 양이 되고 25보다 크면 음이 됨을 알 수 있다. 로프의 길이가 100m이므로 x의 정의역은 0에서 50 사이로 한정되어 있으며, x가 25일 때 도함수는 0이 된다.

이를 염두에 둔 상태에서 'x가 25일 때의 화단의 면적'을 구한다. 이제 이 함수에 대해 필요한 정보가 모였다.

함수에 대한 이런 정보는 표로 정리하면 편리할 뿐 아니라 나중에 실수할 확률도 줄일 수 있다. 보통 이 같은 정보를 정리할 때는 오른쪽 페이지와 같은 증감표라는 것을 이용한다.

2-27에서는 미분해서 알게 된 것을 이 증감표에 정리하고 어떻게 정보를 분석해 나가면 좋을지 생각해 보자.

$$S = 50x - x^2$$

⬇ 하나씩 나누어 미분

도함수 $S' = 50 - 2x$

$S' = 0$ 이 되는 점은

방정식 $50 - 2x = 0$을 풀면 된다.

⬇

$2x = 50$    x=25 일 때 $S'=0$

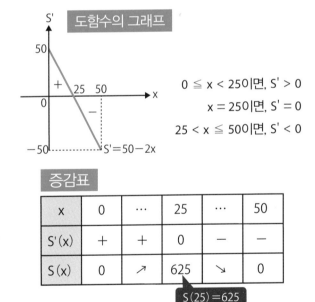

도함수의 그래프

$0 \leq x < 25$이면, $S' > 0$
$x = 25$이면, $S' = 0$
$25 < x \leq 50$이면, $S' < 0$

증감표

| x | 0 | $\cdots$ | 25 | $\cdots$ | 50 |
|---|---|---|---|---|---|
| $S'(x)$ | + | + | 0 | − | − |
| $S(x)$ | 0 | ↗ | 625 | ↘ | 0 |

$S(25) = 625$

정의역이 지정되어 있을 때는 양쪽 끝의 정보도 넣으면 좋다.

# 증감표 만들기

정보를 정리하기

도함수가 0이 되는 값을 구했으므로 바로 그래프를 그리고 싶겠지만 그 전에 2-26에서 언급한 증감표에 대해 자세히 알아볼 필요가 있다. 증감표는 x의 값에 따라 도함수 f'(x)와 함수 f(x)가 어떻게 변화하는지를 표에 정리한 것이다. 지금까지 도함수 S'(x)를 구하고 함수 S(x)에 대한 정보를 모았는데 모은 정보를 제대로 정리하는 것은 무척 중요하다. 그렇기 때문에 증감표를 만드는 것이 중요한 것이다.

우선 증감표를 작성하기 전에 지금까지 알게 된 정보를 정리해 보자. 직접 계산해서 알게 된 것은 'x가 25일 때 도함수가 0이 된다'는 사실이다. 함수 S(x)의 x에 25를 대입하면 함수 S(25)의 값은 625임을 알 수 있다. 다음은 도함수 S'(x)의 값이 '양과 음 중 어느 쪽을 취하는가'이다. 이 것은 2-26에서 'x가 25보다 작을 때는 양', 'x가 25보다 클 때는 음'임을 알 수 있었다. 따라서 x가 25보다 작을 때 함수 S(x)의 값은 증가하고 x가 25를 지나면 다시 감소한다.

위의 내용을 정리하면 증감표를 완성할 수 있다. 가장 위의 행은 x의 값이다. 가운데의 도함수 S'(x)의 행은 '부호 + 혹은 -'나 '0'을 기입한다. 가장 아래의 함수 S(x) 행은 도함수 S'(x)를 바탕으로 채워 나간다. 도함수 S'(x)의 값이 양인 곳에는 증가를 의미하는 우상향 사선 화살표를, 음인 곳에는 감소를 의미하는 우하향 사선 화살표를 쓰고 구체적인 값을 알고 있는 점에는 그 값을 적는다. 이렇게 해서 증감표가 완성되면 이제 그래프를 그리기만 하면 된다. 함수 S(x) 행의 화살표만 봐도 함수 S(x)의 개형을 파악할 수 있다.

**증감표**    미분 계산의 결과를 중심으로
함수의 정보를 적어 넣은 표

### 지금까지 알게 된 것

$S(x) = 50x - x^2$

도함수는 일차함수 $S'(x) = 50 - 2x$

$S'(x) = 0$ 이 되는 것은 $x = 25$

이를 통해 $x = 25$일 때

$S(25) = 50 \times 25 - (25)^2$

$= 1250 - 625$

$= 625$

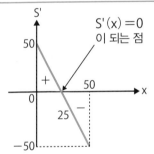

$S'(x) = 0$
이 되는 점

도함수의 음 / 양

⬇

$x = 25$를 경계로
양에서 음으로 바뀐다.

**증감표**

| x | 0 | $\cdots$ | 25 | $\cdots$ | 50 |
|---|---|---|---|---|---|
| S′(x) | + | + | 0 | − | − |
| S(x) | 0 | ↗ | 625 | ↘ | 0 |

# 그래프를 그려 최댓값 구하기

최댓값은 x = 25, 화단의 면적은 625m²

---

2-27에서 증감표를 완성했으니 이제 그래프를 그려 보자. 그래프를 그리기 전에 여기서는 먼저 x와 S의 2차원 좌표를 준비한다. 그리고 증감표를 통해 (x, S) = (25, 625)가 극댓값이 됨을 알 수 있으므로 좌표 위에 이 점을 찍는다. 이어서 정의역의 양 끝점 (0, 0)과 (50, 0)도 찍는다. 이로써 증감표에서 알 수 있는 정보를 모두 x와 S의 2차원 좌표에 그렸다.

앞에서 언급한 것과 같이 증감표의 화살표로 그래프의 개형을 알 수 있다. 2차원 좌표에 찍어둔 세 점을 연결하면서 화살표의 방향에 맞게 대략적인 형태를 그리면 그래프가 완성된다. 여기서는 위로 볼록한 곡선을 그리면 된다.

이때 정확하게 알아야 하는 값은 처음에 찍은 세 점뿐이다. 나머지는 대략적으로 파악할 수 있는 형태로만 그리면 충분하다. 만약 이 세 점 이외의 정보가 필요하다면 필요한 x를 함수식에 대입해서 구한다.

그래프가 완성되었다면 이제 최댓값을 구하면 된다. 앞에서 언급했듯이 최댓값을 구하기 위해서는 도함수가 0이 되는 극대점의 값과 정의역의 양 끝 점의 값을 살펴봐야 한다.

극댓값과 양 끝의 값을 비교해 보면 극댓값이 더 크다. 여기서 극댓값과 최댓값은 일치하며, x가 25일 때 화단의 면적이 625로 가장 커지는 것이다.

이와 같이 이제 미분을 사용해 문제를 해결할 수 있다.

$$S = 50x - x^2$$

증감표

| x | 0 | ... | 25 | ... | 50 |
|---|---|-----|----|-----|----|
| S'(x) | + | + | 0 | − | − |
| S(x) | 0 | ↗ | 625 | ↘ | 0 |

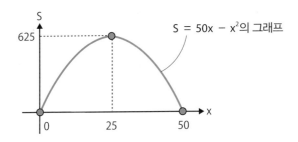

$S = 50x - x^2$의 그래프

양 끝 점 모두 S = 0

극댓값　　x = 25 일 때 S = 625

극솟값　　여기서는 존재하지 않는다.

정의역의 양 끝의 값과 극댓값 · 극솟값을
비교해 최댓값 · 최솟값을 구한다.

따라서 최댓값은 x = 25일 때이다.
이때 화단의 면적은 625m$^2$

# 구한 결과의 고찰도 중요
## 직감이 맞다는 것을 미분으로 증명

---

미분 계산을 한 결과 100m짜리 로프를 사용해 화단을 만들 경우 세로 길이가 25m일 때 면적이 가장 커진다는 사실을 알았다. 보통은 이런 결과를 얻는 것으로 만족하는 사람이 많을 것이다.

그러나 여기서는 이 결과의 숫자가 갖는 의미를 조금 더 자세히 살펴보도록 하자. '세로가 25m'라는 것은 로프의 전체 길이 100m의 4분의 1이라는 뜻이다. 이에 따라 이 화단의 형태는 정사각형임을 알 수 있다. '정사각형의 화단이 가장 클 것 같다'는 직감은 계산 결과를 보면 확실하게 납득할 수 있다.

통찰력이 좋은 사람이라면 계산을 하지 않아도 '정사각형의 화단이 가장 크지 않을까?'하고 예측할 수 있는데, 수학은 의외로 이런 '자연스러운 우연'을 포함하고 있다. 이처럼 수학이 만들어 내는 일종의 우연에 빠져드는 사람이 꽤 많다. 이런 문제를 푸는 과정을 단순한 계산이 아니라 '자연의 섭리를 알아내는 방법'으로 생각한다면 수학을 더 즐겁고 심오한 것으로 받아들일 수 있다.

미적분을 사용해 객관적으로 계산해 보면 사물의 변화의 뜻밖의 면을 발견하기도 하고 반대로 이번처럼 비교적 당연한 결과를 확인할 수 있는 경우도 있다. 우리 생활 속의 기술 중에도 이처럼 철저한 계산을 통해 도출된 이론 체계가 많다. 여러분도 미적분을 완벽하게 익힌다면 새로운 발견으로 이어지는 계산을 할 수 있을지도 모른다. 그러므로 계산 결과에만 얽매이지 말고, 결과의 숫자가 갖는 의미를 고찰하는 것이 중요하다.

지금까지의 계산을 통해

화단의 면적이 가장 큰 경우는
x = 25 즉, 세로 길이가 25m일 때

 이것은

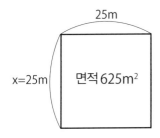

한 변이 25m인 정사각형!

25 × 4 = 100m(로프의 길이)

확실히 정사각형이 가장 클 것 같다.

계산을 통해 직감을 증명했다!

미적분을 사용해서 객관적으로 계산하면
뜻밖의 결과가 나올 때도 있다.

결과에 대한 고찰이
새로운 발견이나 발명을
가져오기도 한다.

# 미분 계산의 흐름을 한 번에 살펴보기

'미분이란 무엇인가'를 재확인

---

지금까지 미분은 어떤 사고방식에서 나온 것인지를 설명하고 최댓값을 구함으로써 구체적인 문제를 해결하는 방법을 알아봤다. 제2장의 마지막에서는 미분 계산의 전체적인 흐름을 정리해 보자.

① 주어진 문제를 수학적으로 생각한다.

　구체적으로는 예시의 화단 면적과 같이 적당한 변수로 세로 길이 x
를 하나 정한다.

② 이 x의 함수를 구함으로써 수학 문제로 바꾼다.

　사실 이렇게 문제를 수식으로 나타내는 것이 가장 어려운 부분인데
다양한 문제를 통해 경험을 쌓아야 능숙해질 수 있다.

③ 세운 수식을 미분해 도함수를 도출한다.

④ 도함수가 0이 되는 점, 즉 극댓값 · 극솟값을 구한다.

⑤ 얻은 값을 사용해서 증감표를 만든다.

⑥ 증감표를 바탕으로 실제 그래프를 그린다.

　익숙해지면 증감표까지만 만들어도 문제를 해결할 수 있다. 여기서
예로 든 화단 면적의 계산은 비교적 간단하기 때문에 증감표만 보고
도 해결할 수 있었다.

⑦ 완성된 그래프를 바탕으로 문제의 특징을 파악한 다음 분석하거나
판단한다.

제2장에서는 미분의 개념을 대략적으로 살펴봤다. 이 책은 최소한의 설명을 통해 미적분을 이해하는 것을 목표로 하고 있다. 여기서 익힌 개념을 바탕으로 교과서를 참고하면서 구체적인 계산을 연습한다면 더 어려운 계산도 할 수 있게 될 것이다.

① 문제가 주어진다.

　→ 문제를 수학적으로 생각한다.

② 문제의 수식, 즉 함수로 나타낸다.

③ 미분해 도함수를 도출한다.

④ 도함수의 값 = 0이 되는 점, 즉 극댓값·극솟값을 구한다.

⑤ 증감표를 만든다.

　→ 주어진 조건인 정의역의 범위를 주의한다.

⑥ 그래프를 그리고 최댓값·최솟값을 구한다.

⑦ 이들을 종합해 분석하거나 판단한다.

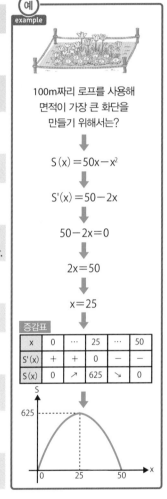

예 example

100m짜리 로프를 사용해 면적이 가장 큰 화단을 만들기 위해서는?

$$S(x) = 50x - x^2$$

$$S'(x) = 50 - 2x$$

$$50 - 2x = 0$$

$$2x = 50$$

$$x = 25$$

증감표

| x | 0 | ⋯ | 25 | ⋯ | 50 |
|---|---|---|---|---|---|
| S'(x) | + | + | 0 | − | − |
| S(x) | 0 | ↗ | 625 | ↘ | 0 |

# '미적분 교과서'의 기초를 다진 코시

현재 고등학교나 대학교에서 사용하는 미적분 교과서는 언제부터 그런 형태가 되었을까? 그 뿌리를 살펴보면, 무려 약 150년 전에 오귀스탱 루이 코시(1789~1857년)가 쓴 『에콜 폴리테크니크에서의 해석학 교정』까지 거슬러 올라간다.

그는 엄청나게 많은 논문을 쓴 수학자로, 8권의 단행본을 포함해 총 789편이나 되는 논문을 발표했다. 당시 파리과학원은 게재 논문에 '각 편 4쪽 이내'라는 제한을 두었는데, 그 이유가 홍수처럼 밀려드는 코시의 투고에 대처하기 위해서였다고도 한다.

코시는 수학 외에도 다방면의 분야에서 연구 업적을 쌓았다. 진가는 해석학에서 발휘되었지만 대수학, 광학, 탄성론 등에도 많은 기여를 했다.

# 제3장

# 적분이란?

먼저 면적을 구하는 **실진법**으로 시작해서 적분까지 서술할 것이다. 미분과 적분의 표리 관계에 대해 살펴본 뒤, **함수의 적분**을 설명한다. 마지막으로 적분의 개념을 사용해 **카발리에리의 원리**를 소개한다.

# 나일강의 범람이 낳은 적분

## 정확한 면적과 부피를 알아내는 기술

지금까지 설명한 미분은 함수로 표현되는 사물의 변화 분석으로 바로 파악하기엔 조금 어려웠다. 그렇다면 적분은 어떤 계산 방법일까?

적분은 고대 이집트 문명에서 생겨났다고 알려져 있다. 고대 이집트 문명은 나일강 주변에서 번성했는데, 매년 우기가 되면 강이 범람해 그 주변 일대가 홍수 피해를 입게 되었다. 그래서 적분이 만들어졌다고 한다.

홍수는 상류의 기름진 흙을 운반해 주는 장점도 있다. 하지만 홍수가 발생하면 강의 흐름이 완전히 바뀌면서 경작지의 형태가 망가지고 경계가 없어져 버린다.

그렇게 형태가 변한 경작지를 '어떻게 공평하게 나누느냐'가 문제가 되었다. 이를 해결하기 위해서는 먼저 정확한 면적을 구할 필요가 있었는데, 여기서 등장하는 것이 적분이다.

적분을 사용하면 면적이나 부피 등을 계산할 수 있다. 미분이 변화의 분석이라는 고도의 사고방식을 배경으로 등장한 것에 비해 적분은 필요에 의해 생겨난 학문인 것이다.

이 장에서는 지금도 면적 계산에 사용되는 실진법을 통해 적분의 개념이 어떻게 생겨나는지를 설명해 나간다.

일반적으로 '미분 계산보다 적분 계산이 더 어렵다'고들 하는데, 미분과 마찬가지로 순서대로 차근차근 이해하면 어렵지 않다.

적분 = '나눈(分)것을 쌓는다(積)'

이것을 뒤집으면 '적분(積分)'

홍수가 잦은 경작지

홍수 때마다
강의 흐름이
바뀌고 만다.

경작지의 정확한 면적을 구하고 싶다.

돔 구장의 부피는
얼마나 될까?

정확한 부피를 구하고 싶다!

돔 구장

이런 '일상적인 필요'가 적분의 시작이다.

# 실진법 ①

### 형태가 복잡한 토지의 면적을 구하는 방법

---

일반적으로 학교에서는 '면적을 구하는 방법'에 대해 배울 때 사각형처럼 단순한 형태만 다루는 경우가 많다. 하지만 실제로 면적을 구해야 하는 형태는 매우 다양하다.

홍수로 인해 형태가 바뀐 토지가 대표적인 예인데, 모양이 복잡하기 때문에 정확한 면적을 구하기가 어렵다.

그렇다면 옛날 사람들은 이와 같은 토지의 면적을 어떻게 구했을까? 물론 정확한 면적을 구하기는 어렵겠지만, 그래도 토지 주인이 납득할 수 있을 정도는 되어야 할 것이다.

그래서 생각해낸 것이 다음과 같은 방법이다. 오른쪽 페이지의 그림을 보자. ① 먼저 구하고자 하는 면적의 부분을 적당한 크기의 정사각형으로 채워 나간다. 그러면 울퉁불퉁한 경계 부분은 어쩔 수 없이 틈이 생긴다.

② 이번에는 그 틈에 다양한 도형을 채워 넣는다. 채워 넣는 도형이 반드시 정사각형일 필요는 없지만 우리가 쉽게 면적을 구할 수 있는, 도형으로 한다. 그렇게 해서 구하고자 하는 도형에 점점 가깝게 만든다. 최대한 빈틈을 메웠다면, 채워 넣은 도형의 면적을 하나씩 더해가며 대략적인 면적을 구할 수 있다.

고대 사람들은 상당히 고도의 측량 기술을 보유했던 것으로 보인다. 그러니 실제 토지에 로프를 대고 도형을 만들어 복잡한 형태의 면적을 구할 수 있었던 것이다.

## 형태가 복잡한 토지의 면적을 구하려면?

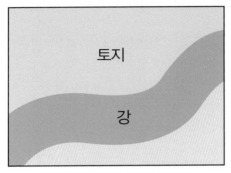

홍수가 일어날 때마다 모양이 변하고 만다.
형태가 복잡한 하늘색 부분 토지의
면적을 구하려면 어떻게 해야할까?

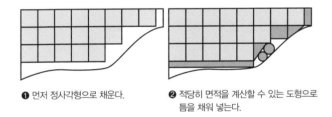

❶ 먼저 정사각형으로 채운다.

❷ 적당히 면적을 계산할 수 있는 도형으로
틈을 채워 넣는다.

채워 넣은 도형의 면적을 계산해서 모두 더하면
대략적인 면적을 알 수 있다.

이를 '실진법'이라고 한다.

# 실진법 ②

### 일정한 척도가 없는 실진법은 불완전

3-2에서 살펴본 실진법이 복잡한 형태의 면적을 계산하는 데 효과적임을 알았을 것이다. 비교적 단순한 사고방식인데도 큰 효과를 거둘 수 있는 방법이다.

하지만 이 방법에는 단점이 있다.

예를 들면 오른쪽 페이지의 그림처럼 실진법으로 면적을 구하는 방법에는 일정한 척도가 존재하지 않아, 사물의 형태에 따라 적당한 도형을 사용하게 되기 때문이다. 그렇게 되면 면적을 계산하는 사람에 따라 계산된 면적의 값도 달라질 수 있다.

수학적으로는 누가 계산해도 같은 결과가 나와야하므로 일정한 척도가 존재하지 않는 실진법은 수학이라기에는 문제가 있다. 수학적으로 문제가 있다면 유감스럽게도 현대사회에서 이용하는 '도구'로는 적합하지 않다.

그렇다고 해도 수학에 뜻이 있는 사람이라면 실제로 도움이 되는 이 방법을 어떻게든 학문으로서 성립시키고 싶을 것이다. 실진법을 수학적으로 활용하기 위해 어떤 방법을 쓰면 좋을지 조금 더 고민해 보자. 실진법이 수학으로서 성립하기 위해서는 무엇이 필요할까? 아마 고대 이집트 문명의 사람들도 틀림없이 같은 고민을 했을 것이다.

3-4에서는 수학적으로 맞는 실진법은 어떤 것인지 알아보며 적분법의 기초를 설명하겠다.

## 일정한 척도가 없는 실진법의 결점

실진법을 이용한 면적 추정

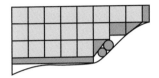

이번에는 우연히 이런 형태이지만, 다음에는?

이런 형태일 수도 있고, 더 복잡한 형태일 수도 있다.

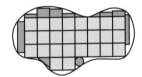 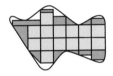

상황에 따라 모양이 바뀌면
그때마다 실진법에서 사용하는 도형도 바꿀 필요가 있다.

수학적이지 않음

'일정한 방법을 정하고 채워 넣어야한다.'

이것이 적분 개념의 기초

# 실진법 ③
### '작은 정사각형'으로 채워 넣기

---

여기서는 토지의 면적을 구하기 위해 사용한 실진법을 수학적으로 생각할 수 있는 방법을 찾아보자.

지금까지 실진법에서는 면적을 구하고자 하는 도형 위에 면적을 계산할 수 있는 도형이라면 형태에 관계없이 채워 넣어도 된다고 설명했다. 최대한 빈틈이 없도록 메운 뒤 그것을 실제로 계산하는 방법이므로 당연한 것이었다.

하지만 어느 정도까지는 머릿속에서 생각할 수 있다는 것이 수학의 특징이기 때문에 이 점을 활용해야 한다. 머릿속으로 쉽게 떠올리려면 우선 채워 넣는 도형의 모양을 단순하게 만들어야 할 것 같다. 예를 들어 크기가 같은 정사각형으로 채워 보면 어떨까? 이렇게 하면 면적을 쉽게 계산할 수 있고, 일정한 척도가 생긴 것이므로 수학적이라고도 할 수 있다.

그러나 이 방법으로는 당연히 실제 면적과는 동떨어진 값이 도출될 수밖에 없다. 지금까지의 실진법이라면 틈에 적당한 도형을 계속 채워 나가면서 면적의 정밀도를 높일 수 있었지만, 그것이 불가능하기 때문이다. 이것은 수학적으로 만들기 위한 과정이기 때문에 이 방법 그대로는 사용할 수 없다.

그럼 어떻게 하면 좋을까? 이럴 때는 채워 넣는 정사각형의 크기를 줄여 본다. 이를테면 오른쪽 페이지에 나타낸 것과 같이 정사각형의 한 변의 길이를 절반으로 줄여 면적이 1/4인 정사각형을 사용해 보자. 정사각형의 면적을 1/4로 만들면 더 많은 부분을 채울 수 있으므로 오른쪽 페이지의 그림에서는 회색 부분만큼 실제 면적에 가까워진다.

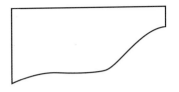

토지의 면적을 더 정확하게 측정하려면?

우선 크기가 같은 정사각형으로 채운 뒤
그 정사각형의 칸을 잘게 쪼갠다.

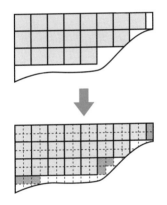

정사각형의 칸을 1/4배로 잘게 쪼개면,
회색 부분만큼 실제 면적에 가까워진다.

## 더욱 잘게 쪼개면
## 실제 면적에 점점 가까워진다.

# 칸을 한없이 잘게 쪼개기

## 극한의 개념이 다시 등장

3-4에서는 실진법을 수학적으로 성립시키기 위해, 채워 넣는 정사각형의 면적을 작게 만듦으로써 정밀도를 높이는 방법을 알아봤다.

여기서는 이것을 조금 더 발전시켜 생각해 보자.

오른쪽 페이지의 그림을 보면 알 수 있듯이 정사각형의 면적을 1/4로 만들어 칸을 더 잘게 쪼개면 더욱 정확한 면적을 얻을 수 있을 것으로 보인다.

이것은 칸을 잘게 쪼갤수록 실제 면적에 가까운 값을 구할 수 있다는 뜻이다.

'칸을 잘게 쪼갤수록', '실제 면적에 가까워진다'. 어디선가 들어본 말인 것 같다. 그렇다, 이것은 1-16에서 나온 극한의 개념과 매우 흡사하다.

오른쪽 페이지의 그림을 보면 채워 넣는 정사각형의 칸을 잘게 쪼갤수록 확실히 토지의 실제 면적에 가까워진다. 즉, 이 경우 정사각형 한 칸의 크기를 0에 가깝게 하는 극한의 계산을 하는 것과 마찬가지다. 극한의 계산은 1-18을 참고하자.

따라서 정사각형 면적의 합계는 얼마든지 실제 면적에 가깝게 만들 수 있음을 알 수 있다.

이와 같이 아무리 복잡한 형태의 면적이더라도 일정한 척도만 있다면 어떻게든 구할 수 있다. 실진법 역시 수학적으로 생각할 수 있게 되었다.

3-6에서는 면적을 더욱 쉽게 계산할 수 있는 방법을 알아보며 제대로 된 실진법, 즉 적분법에 대해 살펴보도록 하자.

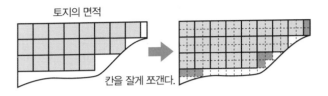

극한의 개념이 다시 등장

토지의 면적

칸을 잘게 쪼갠다.

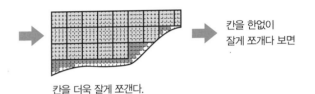

칸을 더욱 잘게 쪼갠다.

칸을 한없이
잘게 쪼개다 보면

얼마든지 실제 토지의 면적에 가깝게 할 수 있다.

이것은
극한의 개념과
같다.

1–19에서는

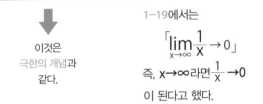

$$\left\lceil \lim_{x \to \infty} \frac{1}{x} \to 0 \right\rfloor$$

즉, $x \to \infty$라면 $\frac{1}{x} \to 0$

이 된다고 했다.

---

정리하면

'정사각형의 한 칸의 크기' → 0 이라면
즉 정사각형을 '한없이' 잘게 쪼갠다면(2–12를 참고)
'정사각형의 면적의 합계' = '토지의 면적'
이라는 식이 성립된다.

---

# '정사각형'을 쪼개기

### 단순한 도형으로 복잡한 방법을 이해

실진법의 계산은 대부분의 경우 형태가 복잡한 도형의 면적을 구하는 데 사용되어 왔다.

하지만 여기서는 실진법 없이도 정확한 면적을 구할 수 있는 단순한 도형인 정사각형에 적용해 보기로 한다. 그 이유는 복잡한 방법을 단순한 도형에 적용하면 비교적 쉽게 이해할 수 있기 때문이다.

그럼 가로 10cm, 세로 10cm 크기의 정사각형의 면적을 실진법을 사용해 구해 보자.

형태가 복잡한 토지의 면적과는 달리 구하고자 하는 정사각형의 한 변은 그대로 사용하고, 세로로 분할해 직사각형으로 쪼개 볼 것이다.

이런 경우에는 앞에서처럼 같은 크기의 정사각형으로 채워 넣지 않아도 정확한 면적을 구할 수 있다. 두 개로 분할하든 네 개로 분할하든 모두 합하면 결국 원래의 정사각형으로 돌아가기 때문이다.

사실 정사각형에서는 실진법을 사용할 필요 없이 사각형의 면적인 '가로의 길이×세로의 길이'를 사용하면 쉽게 면적을 구할 수 있다.

다만 여기서는 앞에서 언급한 것처럼 적분법의 이해가 목적이기 때문에 군이 적용할 필요가 없는 간단한 예로 고찰해 보기로 한다.

먼저 가장 간단한 2분할을 예로 들면, 오른쪽 페이지의 그림과 같이 각각의 직사각형은 가로가 5cm, 세로가 10cm가 된다. 한 단계 더 잘게 쪼개면 4분할이 되어, 가로가 2.5cm, 세로가 10cm가 된다. 이와 같은 실진법으로 점점 더 잘게 나누면 어떻게 될까?

정사각형을 쪼개기

세로가 10cm, 가로가 10cm인
정사각형을 실진법으로
쪼개 보자.

어떤 정사각형이라도 직사각형으로 쪼개다 보면
정확한 면적을 알 수 있다.

쪼개는 방법

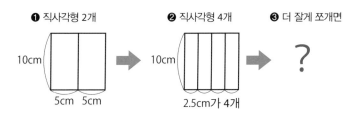

**❶ 직사각형 2개**   **❷ 직사각형 4개**   **❸ 더 잘게 쪼개면**

# 정사각형을 '선의 모임'이라고 생각하기

'한없이 잘게'를 나타내는 dx

실진법을 통해 '정사각형을 같은 간격으로 분할해 나간다'는 개념을 살펴봤다. 여기서는 정사각형을 같은 간격으로 분할해 나가면 어떻게 될지 생각해 보자.

오른쪽 페이지의 그림을 보자. 정사각형을 분할하는 횟수를 늘려가면 각각의 직사각형이 어떻게 변화하는지를 보여주고 있다. 당연한 사실이지만 분할하는 횟수가 많아질 수록 직사각형의 가로폭이 좁아진다. n등분을 하면 가로폭이 원래 가로 길이의 n분의 1이 된 직사각형이 n개 만들어진다.

이때 분할하는 횟수를 점점 더 늘리면 어떻게 될까? 물론 횟수를 늘린 만큼 각각의 직사각형의 가로 폭은 좁아진다. 그러면 분할하는 횟수를 무한히 늘린다는 말은 바로 직사각형의 가로폭을 한없이 좁게 한다는 말이 된다. 이번에는 정사각형이므로 굳이 '한없이 좁게' 하지 않아도 정확한 면적을 구할 수 있지만, 그 이외의 도형은 보통 그렇지 않기 때문에 여기서는 일부러 '한없이 좁게 한다'는 방법을 사용해 보겠다.

'폭이 한없이 좁은 직사각형'은 결국엔 '선'이 된다. 즉, 정사각형이란 길이가 동일한 선이 '한없이 많이' 모여 이루어진다는 사실을 쉽게 도출할 수 있다.

그러나 '폭이 한없이 좁다'는 것은 어디까지나 개념이며, 구체적인 숫자로 다룰 수는 없다. 그래서 dx라는 기호를 사용한다. 3-8에서는 이 dx에 대해 자세히 살펴보기로 한다.

## 정사각형을 쪼개기

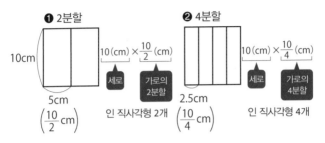

❶ 2분할

10cm

5cm
$\left(\frac{10}{2}\,cm\right)$

$10\,(cm) \times \frac{10}{2}\,(cm)$

세로    가로의 2분할

인 직사각형 2개

❷ 4분할

2.5cm
$\left(\frac{10}{4}\,cm\right)$

$10\,(cm) \times \frac{10}{4}\,(cm)$

세로    가로의 4분할

인 직사각형 4개

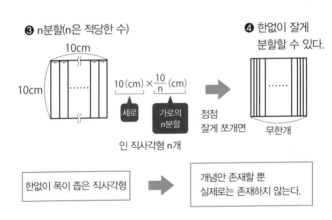

❸ n분할(n은 적당한 수)

10cm

10cm

$10\,(cm) \times \frac{10}{n}\,(cm)$

세로    가로의 n분할

인 직사각형 n개

점점 잘게 쪼개면

❹ 한없이 잘게 분할할 수 있다.

무한개

한없이 폭이 좁은 직사각형

개념만 존재할 뿐 실제로는 존재하지 않는다.

## 그래서 dx라는 기호를 사용한다.

❹ 와 같은 경우 세로 10cm, 가로폭이 한없이 작은(dx) 직사각형, 즉 직선이 '한없이 많이' 있다고 생각한다.

➡ 정사각형은 '선의 모임'이라고 생각한다.

# 한없이 나눈 것을 모으기

### 계산을 다 쓸 수 없으므로 ' ∫ '을 사용

───────────────────────────────

적분법 이야기도 드디어 클라이맥스에 접어들었다. 미분법에서 나온 dx가 적분법에서도 등장한다.

정사각형을 직사각형으로 계속 쪼개며 폭을 한없이 좁게 만든다는 것은 개념으로만 존재함을 3-7에서 설명했다. 이것은 1-17에서 극한을 설명할 때도 언급했다. 극한은 '얼마든지 0에 가깝게 할 수 있기' 때문이다. 한없이 좁아진 폭은 0이 아닌 값을 확실히 가지고는 있지만, 구체적으로 '0.1'이나 '0.001' 등과 같이 지정할 수는 없다.

따라서 어쩔 수 없이 dx라는 기호를 사용**해** '폭을 한없이 좁게 만든다'는 것을 표현한다.

이것을 실제 면적에 적용해 생각해 보자. 4분할한 경우를 예로 들어 보겠다. 정사각형을 실진법으로 4분할한다는 것은 정사각형을 4분할한 것의 면적을 하나씩 구한 다음 그것을 '모으면' 정사각형의 면적이 된다는 의미이다.

마찬가지로 한없이 잘게 나눈 경우에 대해 생각해 보자. 이 경우 가로폭을 dx로 놓으면 각각의 직사각형, 실제로는 선분이 된 것의 면적은 10dx가 된다. 이 10dx를 무한개 모으면 원래의 정사각형이 된다.

그런데 유한개의 직사각형을 모으는 것이라면 오른쪽 페이지의 가운데 그림과 같이 구체적인 덧셈 형태로 계산을 쓸 수 있다. 하지만 한없이 잘게 만든 경우에는 계산을 다 쓸 수 없다. 즉 지금까지의 개념으로는 표현할 수 없는 것이다. 그래서 생각해낸 것이 ' ∫ (인티그럴)'이라고 불리는 적분 기호이다.

## 적분법의 개념

○ 한없이 잘게 나눈 사각형

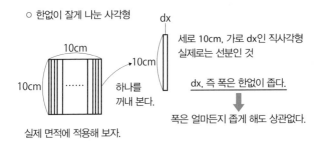

세로 10cm, 가로 dx인 직사각형
실제로는 선분인 것

dx, 즉 폭은 한없이 좁다.

⬇

폭은 얼마든지 좁게 해도 상관없다.

실제 면적에 적용해 보자.

여기서는 대강 4분할을 해본다.

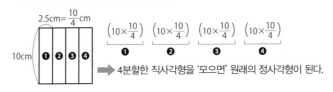

➡ 4분할한 직사각형을 '모으면' 원래의 정사각형이 된다.

이와 같이 한없이 나누면

$10 \times dx + 10 \times dx + \cdots$
무한개 있으므로 다 쓸 수 없다.
그래서 기호를 새롭게 생각해 낸다.
$(10 \times dx)$인 직사각형을 왼쪽에서 10cm 만큼
'무한개' 모으는 것이므로,

$\int_0^{10} 10dx$ 라고 쓰자.

'$\int$' 은 '인티그럴'이라고 읽는다.

# 적분 기호 '∫(인티그럴)'의 의미

## 적분은 본래 '덧셈'

여기서는 적분 기호 '∫(인티그럴)'의 의미를 생각해 보자. 인티그럴은 영어로는 'integral'이라고 표기하며 '적분'이라는 뜻이다.

적분 기호 '∫'은 $x$를 따라 적분하는 경우 '$dx$'라는 기호와 함께 등장한다. 이것은 앞에서 설명한 것처럼 '폭이 $dx$인 직사각형을 무한개 모은다'는 의미의 기호이며 '$x$좌표를 따라 적분 계산한다'는 의미이다. 이것은 '$x$로 적분한다'는 것과 같다.

적분 기호 '∫'의 위아래에 숫자나 문자가 적혀 있을 때가 있다. 이 경우는 '아래에 적힌 숫자나 문자가 적분하는 범위의 왼쪽 끝'이 되고 '위에 적힌 숫자나 문자가 오른쪽 끝'이 된다.

이것은 '아래의 숫자나 문자부터 위의 숫자나 문자까지의 범위에서 적분하시오'라는 뜻이 된다.

$\int_0^{10} 10dx$인 경우 '세로 방향의 크기가 10인 일정한 구역의, 가로 방향 0부터 10까지의 사이를 폭이 무한히 짧은 직사각형으로 분할한 뒤 모두 모으시오', 즉 '$x$가 0일 때부터 10이 될 때까지의 적분'이라는 뜻이다.

그러니까 적분은 원래 덧셈이다.

적분으로 면적을 구하고 싶은 장소를 정하고 그 장소를 한없이 잘게 나눈다. 그렇게 폭이 $dx$인 직사각형들을 만들고, 그 무한개의 직사각형을 모두 더하는 특별한 덧셈인 것이다.

적분은 이처럼 상상할 수 없던 것들을 하게 해주니 '마법의 덧셈'이라고도 할 수 있다.

3-8에서 나온 기호

$$\int$$ = '인티그럴'이라고 읽는다.     ➡️  이것을 '적분 기호'라고 한다.

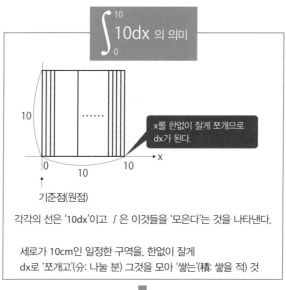

$$\int_0^{10} 10dx$$ 의 의미

10

...... 

x를 한없이 잘게 쪼개므로 dx가 된다.

0    10    10  →x

↑
기준점(원점)

각각의 선은 '10dx'이고 ∫은 이것들을 '모은다'는 것을 나타낸다.

세로가 10cm인 일정한 구역을, 한없이 잘게
dx로 '쪼개고'(分: 나눌 분) 그것을 모아 '쌓는'(積: 쌓을 적) 것

이것을 '적분'이라고 한다.

# 적분으로 직사각형의 일부 면적을 구하기

### 적분 구간과 적분 면적의 관계

3-9에서 적분이라는 계산 방법이 '일종의 특수한 덧셈'임을 알아봤다. 여기서는 조금 더 구체적으로 살펴보도록 하자.

오른쪽 페이지와 같이 $\int_0^{10} 10dx$는 '길이가 10인 선분을 빈틈없이 가로로 10만큼 모았을 때의 면적'임을 의미하는 계산이다. 면적을 구하는 공식을 사용해 정사각형의 면적을 실제로 계산하면 면적이 100이 됨을 알수 있다. 직접 적분 계산을 하지 않아도 우회해서 계산할 수 있는 것이다.

그러면 오른쪽 페이지와 같은 사각형의 경우는 어떻게 될까? 하늘색 부분의 면적을 구하려면 '먼저 가로가 x인 큰 직사각형의 면적을 구하고, 거기서 왼쪽의 불필요한 부분의 면적을 뺀다'고 생각해야 할 것이다. 그러면 큰 부분의 면적은 '10 × x'이고 불필요한 부분은 '10 × 4'로 40이된다.

면적을 구하는 식을 적분 기호로 쓰면 오른쪽 페이지의 그림과 같이된다. $\int_0^{10} 10dx$에서 적분 구간만 바꾼 것과 같다.

면적 공식을 사용해 계산한 결과를 보면 신기한 점을 알 수 있다. 10 × x 부분과 10 × 4 부분이다. '불필요한 부분'은 10 × x에 x = 4를 대입한 것처럼 보인다. 그러면 $\int_0^x 10dx$와 10 × x 사이에는 어떤 관계가 있을 것 같다. 여기서 10 × x는 함수이다.

물론 세로 길이는 일정하기 때문에 적분 구간과 적분 결과는 정비례할 것이다. 이 둘 사이에 어떤 관계가 있는지는 3-11에서 살펴보도록 하자.

## 적분으로 직사각형의 일부 면적을 구하기

조금 전에 나온 기호

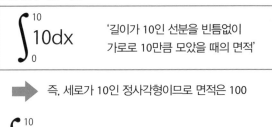

$$\int_0^{10} 10dx$$

'길이가 10인 선분을 빈틈없이
가로로 10만큼 모았을 때의 면적'

➡️ 즉, 세로가 10인 정사각형이므로 면적은 100

$$\int_0^{10} 10dx = 100$$ 이 된다. ➡️ 어떻게든 계산할 수 있다.

응용해 보자.

하늘색 부분의 면적은
'기호'를 사용하면

$$\int_4^x 10dx$$

x ⟶ 오른쪽 끝의 위치

4 ⟶ 왼쪽 끝의 위치

'면적'을 계산하면

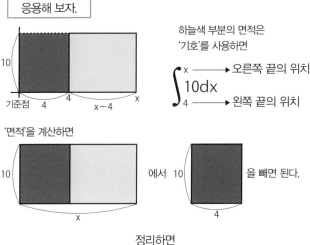

에서 을 빼면 된다.

정리하면

$$\int_4^x 10dx = (10 \times x) - (10 \times 4) = 10(x-4)$$

$$\int_\circ^\triangle 10dx$$ 와 $10 \times x$ 는 어떤 관계가 있을 것 같다.

# 미분과 적분의 관계

미분과 적분은 표리 관계

---

3-10에서 적분 기호를 사용한 ∫10dx라는 식과 실제 면적에 대해 살펴봤더니 10 × x라는 함수와 관계가 있을 것이라는 생각이 들었다. 여기서 사용한 ∫의 위아래에 숫자나 문자가 적혀있지 않은 적분 기호는 부정적분이라 부르는 계산의 기호이다. 부정적분은 4-9에서 설명할 것이다.

그래서 이 10 × x라는 함수를 x로 미분해 보겠다. 미분의 방법은 앞에서 언급한 것처럼 간단하다. 10 × x의 미분은 상수함수인 10이 된다. 이는 적분의 식 안에 있던 '10'과 일치한다.

적분을 통해 나온 함수를 미분하면 원래대로 돌아가는 것이다 . 아무래도 미분과 적분 사이에는 어떤 관계가 있어 보인다.

결론부터 말하자면 미분과 적분은 덧셈과 뺄셈처럼 서로 반대 관계에 있다. 이것을 자세히 증명하려면 다소 어려우므로 여기서는 다루지 않겠지만, 미분과 적분 사이에는 깊은 관계가 있는 것이다.

이로써 적분 계산을 뒤집으면 미분 계산이 된다는 사실을 알았다. 그렇다면 지금까지 살펴본 미분의 계산 방법을 검토함으로써 적분의 계산 방법도 알 수 있을 것이다.

미분과 적분에는 모두 dx라는 미세한 양을 나타내는 기호가 나온다. 이를 통해서도 알 수 있듯이 미분과 적분은 서로 비슷한 부분을 가지고 있으며, 이런 이유 때문에 미적분을 함께 다루는 경우가 많다.

적분의 자세한 계산 방법은 제4장에서 설명하기로 한다.

와 $10 \times x$ 는 어떤 관계가 있을 것 같다.

10 × x를 미분해 보자.

$$(10x)' = 10$$  ( )'은 '( ) 안을 미분한다'는 뜻

10dx는 10이 된다.

미분과 적분은 관계가 있어 보인다.

미분과 적분은 서로 반대 관계

'미분의 반대'라고 생각하면
적분도 계산 가능할 것 같다.

※ 적분에는 정적분과 부정적분이 있는데, 자세한 설명은 제4장에서 하겠다.

# 함수를 적분하기 ①

'함수를 적분한다'는 것의 의미

적분에 대해 대략적으로 살펴봤으니, 이번에는 적분 가능한 대상을 더 넓힐 수 없는지 생각해 보자. 구체적으로는 미분일 때와 마찬가지로 함수로 표현할 수 있는 사물의 변화를 적분하는 것이 최종 목표이다. 그럼 함수의 적분에 대해 생각해 보자.

3-11까지는 굳이 적분을 사용하지 않아도 면적을 구할 수 있는 단순한 정사각형에 적분의 사고방식을 적용했는데, 이 정사각형의 적분은 사실 $y = 10$이라는 상수함수의 적분이었다. 상수함수도 함수의 일종이기 때문에 일반적인 함수를 적분할 준비는 이미 되어 있었던 것이다.

그렇다면 애초에 '함수를 적분한다'는 것은 어떤 것일까? 정사각형의 경우를 생각해 보면 $y = 10$이라는, x축과 계속 평행하게 이어지는 함수를 y축과 평행한 직선인 세로선으로 나누고 그 범위의 면적을 구하는 것이었다.

일반적인 함수도 이와 마찬가지이다. $y = f(x)$로 표현되는 함수가 있다고 하자. 여기서 이 함수의 그래프를 x축과 y축으로 구성된 2차원 좌표 위에 그린다. '$f(x)$를 x로 적분한다'는 것은 '지정된 부분', 여기서는 'y축과 평행한 직선'과 '$f(x)$의 그래프', 그리고 'x축'으로 둘러싸인 부분의 면적을 구하는 것과 다름없다. 오른쪽 페이지 그림의 파란색 부분의 면적을 적분으로 구할 수 있는 것이다.

결국 사각형의 적분도 함수의 적분도 함수의 그래프 모양만 바뀌었을 뿐 개념은 동일하다. 더 자세한 내용은 3-13에서 살펴보자.

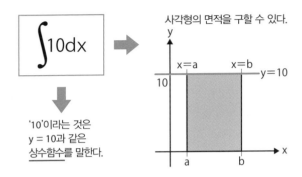

$$\int 10dx$$

사각형의 면적을 구할 수 있다.

'10'이라는 것은
y = 10과 같은
상수함수를 말한다.

이것을 여러 함수에서 사용할 수 있도록 하자.

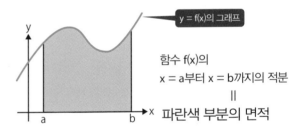

y = f(x)의 그래프

함수 f(x)의
x = a부터 x = b까지의 적분
=
파란색 부분의 면적

$$기호는 \int_{a}^{b} f(x)\,dx\ 가\ 된다.$$

$\int_{a}^{b} f(x)\,dx$를 'f(x)를 a부터 b까지의 사이에서
적분한다'고 말하기도 한다.

# 함수를 적분하기 ②

### x의 위치에서 y 방향의 길이가 변화

함수의 적분을 생각할 때도 실진법의 개념을 이용하면 이해하기 쉽다.

다만 함수를 직사각형으로 나누어 쪼개려면 면적을 구하고자하는 도형에서 직사각형의 일부가 튀어나오거나 반대로 부족한 경우가 생긴다. 이것이 사각형을 쪼갤 때와 다른 점인데 튀어나오거나 부족한 부분을 어떻게 할 것인가에 대한 기준을 통일해 둬야 한다. 이를테면 '직사각형으로 나눈다면 높이는 직사각형의 왼쪽 꼭짓점에 맞춘다' 같은 것들이다.

그러면 오른쪽 페이지의 그림과 같이 함수의 그래프를 따라 직사각형이 계단처럼 연결된다. 진하게 칠해진 부분은 튀어나오거나 부족한 부분이다. 그리고 함수에 x의 값을 대입하면 모든 직사각형의 높이를 구할 수 있기 때문에 각각의 직사각형의 면적도 구할 수 있다.

이를 모두 더하면 구하고자 하는 면적의 대략적인 값을 알 수 있다. 여기까지는 지금까지 설명한 실진법에 따른 방법이다.

이어서 앞에서 언급한 것처럼 직사각형의 개수를 무한히 늘려나가면 어떻게 될까? 이때 모든 직사각형은 각각 동일한 폭을 유지하고, 폭 자체는 한없이 좁아진다. 결국 선분의 모임이 되면서 면적을 구하고자 하는 도형에 한없이 가까워지는 것이다.

그러니까 함수의 적분이라는 것은 x의 위치에 따라 직사각형의 세로 길이, 즉 y방향의 길이가 바뀌는 것이라고 생각하면 되고 그 외에는 사각형의 경우와 같다.

면적을 직사각형으로 쪼갠다.

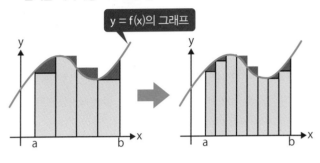

y = f(x)의 그래프

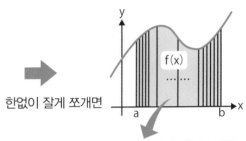

한없이 잘게 쪼개면

f(x)

단, 사각형과 달리 x의 위치에 따라 y방향 길이가
함수값 f(x)로 변화한다. 따라서 하나당 면적은

$$f(x) \times dx$$

이것을 x = a부터 x = b까지 모으는 것이므로

$$기호는 \int_a^b f(x)\,dx \quad 가 된다.$$

# '적분 결과가 가지는 의미'를 고찰하기

## 함수가 가지는 여러 가지 의미

복잡한 토지의 면적을 구하는 방법에서 시작해, 실진법의 개념과 그것을 어떻게 수학적인 계산 방법으로 만들어 나갈 것인가를 알아봄으로써 적분법의 개념을 살펴봤다. 지금까지 이 책을 읽은 독자들은 적분, '나눈 것을 쌓는다'는 말의 의미를 이해했을 것이다.

그런데 지금까지 살펴본 이야기만 보면 적분은 '단순히 면적을 구하기 위한 계산'이라고 생각할 수도 있지만 그렇지 않다. 왜냐하면 함수가 가지는 의미는 여러가지이기 때문이다. 지금까지 설명에 사용한 함수는 모두 '위치 x와 그 위치에서의 길이를 나타내는 함수'였다.

하지만 현실에는 다양한 함수가 존재한다. 예를 들어 '위치 x와 그 위치에서의 면적을 나타내는 함수'를 적분하면 면적에 '한없이 얇은 종이'를 붙인 것을 모두 모은 것, 즉 부피가 된다. 마찬가지로 '시간 t에서의 속도를 나타내는 함수'를 적분하면 이동한 거리가 된다. 이와 같이 계산을 통해 구한 면적의 크기가 무엇을 의미하는지 고찰할 필요가 있다.

이번 장에서는 적분이 '어떤 개념으로 이루어지는 계산인가'에 대해 설명했다. '한없이 작다'는 것이 중요한 포인트임을 알았을 것이다.

실제 적분 계산에서는 미분 계산과 마찬가지로 '한없이'라는 것을 크게 신경쓰지 않아도 된다. 제4장에서는 이 장에서 배운 개념을 바탕으로 실제 적분 계산이 어떤 것인지 살펴보도록 하겠다.

**적분 결과가 가지는 의미 파악하기**

지금까지는　　　적분　=　면적

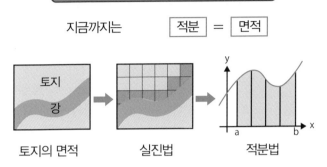

토지의 면적　　　　　실진법　　　　　적분법

함수의 의미는 다양하므로 적분 결과도 다양하다.

∘ f(x) : 적분되는 함수　　　∘ ∫ f(x)dx의 적분 결과

- · 선의 길이　　　　　　➡　　· 면적
- · 면적의 크기　　　　　➡　　· 부피
- · 속도와 시간의 관계　➡　　· 이동한 거리

단순한 면적으로 보이는 적분 결과가
무엇을 의미하는지 고찰하는 것이 중요하다.

# 평행사변형의 면적을 적분으로 구하기

## 카발리에리의 원리

마지막으로 앞에서 언급한 무한소라는 개념을 사용해 면적을 구하는 방법을 소개하겠다. 다양한 도형의 계산법을 초등학교나 중학교에서 배웠겠지만, 가장 기본이 되는 것은 평행사변형의 면적을 구하는 방법이다. 초등학교에서는 보통 평행사변형의 면적을 오른쪽 페이지의 위쪽 그림과 같은 방법으로 구한다. 먼저 밑변과 수직이 되는 직선을 그은 다음 튀어나온 파란 부분의 삼각형을 잘라내고 아래의 비어 있는 부분으로 이동시킨다. 이렇게 하면 직사각형이 완성되기 때문에 직사각형의 면적을 구하는 것과 같다. 이를 통해

평행사변형의 면적 = 밑변×높이

라는 공식을 도출할 수 있다.

그런데 평행사변형은 '평행'이기 때문에 오른쪽 페이지의 중간 그림과 같이 어느 위치에서 수직으로 잘라도 길이가 같다. 만약 직사각형으로 실진법을 적용하면 어떻게 될까? 유한한 개수의 직사각형으로 쪼개면 평행사변형과 직사각형은 모양이 다르기 때문에 면적에 차이가 생기고 만다. 하지만 무한한 개수의 직사각형으로 쪼개면 길이가 일정한 선분을 채우는 것과 같으므로 얼마든지 평행사변형의 면적에 가깝게 만들 수 있다.

이렇게 평행사변형을 '길이가 일정한 선분의 모임'이라고 봤을 때, 이 선분의 모임을 아랫부분에 맞춰 깔끔하게 평행이동시키면 '직사각형과 같다'고 할 수 있게 된다.

흩어진 복사용지 묶음을 책상 위에서 톡톡 두드려 가지런하게 추리면 깔끔한 직육면체가 되지만 전체 부피는 변하지 않는 것과 같다. 이처럼 무한소는 무척 신기한 개념인데, 무한소를 이용해 면적을 구하는 방법을 카발리에리의 원리라 부른다.

밑변 a, 높이 b인 일반적인 평행사변형의 면적을 구하는 방법

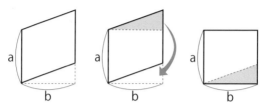

이러한 방식으로 면적을 a × b로 유도한다.

적분으로 평행사변형의 면적을 구하는 방법

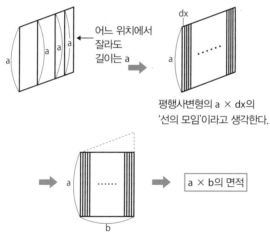

어느 위치에서
잘라도
길이는 a

평행사변형의 a × dx의
'선의 모임'이라고 생각한다.

a × b의 면적

(a × dx)의 선을 하나씩
아랫부분에 맞추어 평행이동시킨다.

복사용지 묶음을 책상에 톡톡 두드려 추려도
부피는 변하지 않는 것과 같다.

# '리만 적분'의 창시자 리만

우리가 고등학교나 대학교에서 배우는 적분은 리만 적분이라 불리는 것이다. 베른하르트 리만(1826~1866년)은 독일에서 태어나 젊은 나이에 괴팅겐대학교의 교수가 됐으나, 폐결핵에 걸려 불과 39세에 세상을 떠났다.

그는 리만 적분을 정의했을 뿐만 아니라 이론물리학 등 다방면에 걸쳐 업적을 남겼고, 그의 이름이 붙여진 수학 용어도 적지 않다.

예를 들어, 함수론의 '코시−리만 방정식'이나 '리만 곡면', 소수의 분포에 관한 '리만 가설'(미해결), 상대성이론의 기초가 되는 '리만 기하학' 등 셀 수 없을 정도이다.

# 제4장

# 적분을 계산해 보자

이 장에서는 먼저 원시함수, 정적분, 부정적분, 적분상수에 대해 학습한다.
그리고 이것을 바탕으로 **적분 계산의 법칙** 등을 이해한다. 마지막으로 학습한 개념을 이용해 **그릇의 부피**를 구해 본다.

# 복잡한 함수 적분의 어려움

간단한 함수라면 적분도 간단

---

제3장을 읽은 독자라면 적분의 개념을 이해했을 것이다. 적분이란 함수로 둘러싸인 범위를 잘게 쪼개 선으로 만든 것을 모아 그래프 상에서 면적에 해당하는 부분을 산출하는 계산임을 알았다. 다만 제3장에서는 적분의 개념을 설명하는 데 초점을 맞췄기 때문에 실제 계산에 대해서는 살펴보지 않았다.

그래서 이 장에서는 적분의 개념을 바탕으로 실제로 계산할 때의 주의점을 알아보며 적분에 대한 이해를 더욱 높이고자 한다.

함수의 적분은 따지고 보면 '위치에 따라 길이가 f(x)의 비율로 변화하는 선을 x가 a부터 b인 범위에서 한없이 많이 모은 것'이 된다. 여기서는 '길이'지만 함수에 따라 부피나 이동 거리 등이 되기도 한다.

글로 쓰면 복잡해 보이지만 지금까지의 설명을 토대로 그림으로 그려 보면 간단하다.

오른쪽 페이지의 그림에 나타낸 y = 10이라는 상수함수를 예로 들어 보자. 이 함수의 y값은 x값에 관계없이 항상 10이라는 일정한 수를 취한다. 따라서 적분의 값은 '세로 폭이 10인 직사각형의 면적'이 된다. 이와 같이 간단한 함수의 적분이라면 적분이 가지는 의미, 즉 함수가 실제로 만드는 도형의 면적을 구함으로써 계산할 수 있다.

하지만 함수가 조금 어려워지면 적분 계산도 쉽지 않다.

적분은 '한없이 가는 선을 한없이 많이 모은다'는 개념에 기초하는데, 4-2에서는 이 개념을 어떻게 계산으로 연결하면 좋을지 살펴보자.

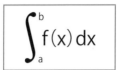

어려운 적분 계산

$$\int_a^b f(x)\,dx$$

위치에 따라 길이가 f(x)의 비율로 바뀌는 선을
x가 a부터 b인 범위에서 모은다.

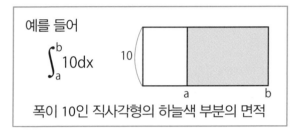

예를 들어

$$\int_a^b 10\,dx$$

폭이 10인 직사각형의 하늘색 부분의 면적

그러나
구체적인 예, 여기서는 사각형의 면적에
대입하지 않으면 계산할 수 없다.

'한없이 가는 선을 한없이 많이 모은다'
는 개념을 이해하기 힘들다.

알고 있는 유일한 정보는 '미분'과 '적분'은
서로 반대 관계에 있다는 것뿐이다.

# 원시함수란?

## 미분하기 전의 함수

---

적분 계산의 의미를 생각하다 보면 '한없이 가는 선을 한없이 많이 모은다'는 난해한 개념에 부딪친다는 것은 앞에서 이미 언급했다.

제3장에서부터 얘기했듯이 면적이나 부피 등 적분으로 계산해야 할 대상은 알기 쉽지만 그 계산 방법은 알기 어렵다.

여기서 한 가지 떠올려야 할 사실이 있다.

그것은 바로 미분과 적분이 '덧셈과 뺄셈과 같은 표리 관계에 있다'는 것이다.

제1장부터 제2장에 걸쳐 언급한 것처럼 미분 계산은 그 의미를 쉽게 파악하기가 조금 어렵다. 하지만 미분의 공식은 이미 알고 있기 때문에 계산하려고 마음만 먹으면 기계적으로 할 수 있다.

따라서, 덧셈을 한 값이 뺄셈을 하기 전의 값과 같은 것과 마찬가지로 '적분한 결과는 아마 미분하기 전과 같을 것이다' 하고 생각해 보면 어떨까?

개념적으로는 말이 되는 생각이므로 일단 가정을 해보자. 조금 억지스럽게 들릴 수도 있겠지만 나중에 철저하게 고찰했을 때 문제만 없다면 괜찮다는 것이 수학적 사고방식이기 때문이다.

바로 이 같은 사고에서 고안된 것이 미분하기 전의 함수라는 의미를 가진 원시함수이다.

## 미분하기 전의 함수 '원시함수'

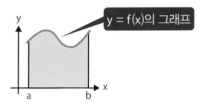

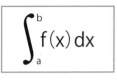

$$\int_a^b f(x)\,dx$$

무엇을 계산했는지는 눈으로 보고 알 수 있지만
구체적으로 식을 계산할 수는 없다.

하지만 미분의 계산은 가능하다.

그러므로 미분하면 f(x)가 되는 함수가
존재한다고 가정하고 생각해 본다.

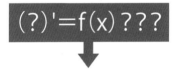

이것을 '원시함수'라고 부른다.

# $x^n$의 원시 함수는 $\dfrac{1}{n+1}x^{n+1}$

미분의 공식을 '역연산'하기

---

앞에서 등장한 원시함수에 대해 조금 더 자세히 살펴보자.

일반적으로 원래의 함수를 $f(x)$로 표기하고, 원시함수는 대문자를 사용해 $F(x)$와 같이 나타낸다. 적분해서 나오는 함수이므로 대문자로 쓰는데 지금으로선 '$F(x)$를 미분하면 $f(x)$가 된다'는 것 이외에는 특별한 의미를 가지지 않는 함수이다. 여기서는 일단 '대문자로 쓴다'는 정도로만 알고 있으면 된다.

우리가 현재 알고 있는 원시함수의 성질은 이것뿐이므로 '미분과 적분이 서로 반대되는 관계에 있다'는 사실이 적분 계산에 남겨진 유일한 힌트이다.

지금까지의 설명을 통해 수식을 다루는 데는 익숙해졌을 것이다. 그럼 여기서는 미분 계산에서 사용한 공식을 이용해 적분을 계산해 보자. 계산의 의미는 그림을 사용해 설명하겠다.

오른쪽 페이지를 보자. 미분의 공식을 '역연산'하면 원시함수를 구하는 공식을 도출할 수 있음을 알 수 있다.

미분에서는 $x$의 $n$제곱의 미분을 구할 때 '지수' 부분을 앞으로 가져오고 지수에서 1을 빼는 공식을 사용했다. 자세한 것은 2-23을 참고하자.

원시함수를 구하는 공식에서는 지수에 1을 더하고, 지수에 1을 더한 값으로 나누는 공식을 사용한다.

이렇게 보면 적분은 미분과 항상 정반대가 됨을 알 수 있다.

## 미분하기 전의 함수 '원시함수'

> 미분하면 f(x)가 되는 함수 = 원시함수를
> F(x)로 쓰기로 한다.

즉, $$F'(x) = f(x)$$ 가 된다.

f(x) = $x^n$일 때, F(x)를 구해 본다. 여기서 2–23을 참고해 미분의 공식을 떠올리면

$$(x^n)' = nx^{n-1}$$

이 식의 'n'을 'n + 1'로 대체한다.

$$(x^{\underline{n+1}})' = (\underline{n+1})x^{\underline{n+1}-1} = (n+1)x^n$$

이를 통해 $\dfrac{(x^{n+1})'}{n+1} = x^n$

즉
f(x) = $x^n$의 원시함수 F(x)는
지수에 1을 더하고
지수에 1을 더한 값으로 나눈

$$\frac{1}{n+1}x^{n+1}$$ 이 된다.

# 적분이란 원시함수를 구하는 것

원시함수에 수치를 대입해 차를 구하기

4-3에서 미분하기 전의 함수로 원시함수 F(x)라는 것을 가정했는데, 적분 계산의 주된 부분이 이 원시함수를 구하는 것이다. 원시함수는 미분의 공식을 역연산해서 구한다.

지금까지 나온 상수함수를 예로 들어 생각해 보자. 앞에서 설명한 것처럼 상수함수 f(x) = 10을 적분한다는 것은 폭이 10인 직사각형의 면적을 구하는 것과 같다.

그렇다면 f(x) = 10의 원시함수는 어떤 것이 될까? 적분해서 나오는 것이 원시함수인 것을 생각하면 직사각형의 면적과 관계가 있을 것 같다.

그럼 여기서 면적의 성질을 생각해 보자.

직사각형의 면적의 크기는 세로 폭을 10이라고 하면 나머지는 적분하는 범위의 길이, 즉 가로 폭에 정비례한다. 오른쪽 페이지의 예시 그림의 파란색과 하늘색으로 색칠된 부분이 적분 범위이므로 면적의 크기가 직사각형의 가로 폭에 정비례한다는 것을 알 수 있다.

정비례하게 되면 비례상수가 존재하는데, 세로 길이 10이 비례상수이다.

그러니 여기서의 원시함수는 10x가 된다.

면적을 구할 때 오른쪽 페이지의 아래쪽 그림과 같이 큰 영역에서 작은 영역을 뺀다. 이것은 원시함수 10x에 b를 대입한 것에서 원시함수 10x에 a를 대입한 것을 빼는 것, 바로 10b − 10a와 같다.

다시 말해 원시함수를 구한 뒤 거기에 수치를 대입해서 차를 구하면 적분 계산이 된다.

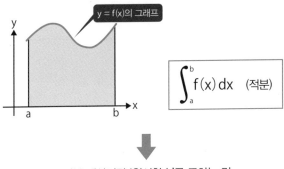

y = f(x)의 그래프

$$\int_a^b f(x)\,dx \quad \text{(적분)}$$

⬇

적분 계산이란 '원시함수'를 구하는 것

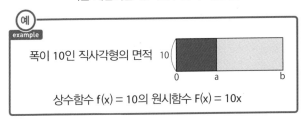

예 example

폭이 10인 직사각형의 면적   10

상수함수 f(x) = 10의 원시함수 F(x) = 10x

실제

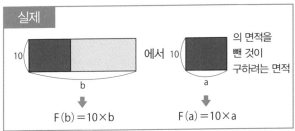

의 면적을 뺀 것이 구하려는 면적

F(b) = 10×b          F(a) = 10×a

정리하면

$$\int_a^b f(x)\,dx = F(b) - F(a)$$

$$\int_a^b 10dx = 10×b - 10×a = 10×(b-a)$$

# 정적분이란?

### 적분 범위가 정해진 적분

───────────────────────────────

지금까지 살펴본 적분 계산은 적분하는 범위를 숫자나 기호로 나타내 지정했다. 이렇게 적분 범위가 정해진 적분을 정적분이라 부른다.

적분하는 구간이 정해져 있기 때문에 정적분의 결과는 기본적으로 수 치로 나온다. 적분 구간을 기호로 나타내는 경우 일부 기호가 섞인 수가 나오는데, 이는 상수라고 생각해도 된다.

중요한 부분이기 때문에 또 강조하자면 정적분은 오른쪽 페이지의 그림의 하늘색 부분의 면적을 구하는 계산이다. 그리고 그 면적이 무엇 을 의미하는가는 함수의 의미에 따라 달라진다. 지금까지는 기본적으로 면적이 곧 도형의 면적을 의미했다. 하지만 제3장에서도 언급했듯이 반 드시 도형의 면적이라고 한정할 수는 없으며, 부피나 이동한 거리가 될 때도 있다.

정적분의 계산 자체는 원시함수만 구하고 나면 간단하다. 우선 원시함 수를 구하고, 거기에 적분 구간 중 뒤의 수를 대입한 것에서 적분 구간 중 앞의 수를 대입한 것을 빼면 계산할 수 있다. 그것을 구체적으로 나타낸 것이 오른쪽 페이지의 공식이다. $[F(x)]_a^b$ 는 'F(x)의 x에 b를 대입한 것에 서 x에 a를 대입한 것을 빼시오'라는 의미이다.

'정적분이 있다는 것은 범위가 정해지지 않은 적분도 있다는 말일까?' 하는 의문이 들 수도 있는데, 그렇다. 정적분이라고 구분해서 부르는 것 에서 알 수 있듯이 반대 관계에 있는 적분도 존재한다. 이를 부정적분이 라고 하는데 자세한 설명은 4-9에서 하겠다.

구간이 정해진 '면적'을 구할 때 사용하는 적분

결과는 숫자로 나옴

y = f(x)의 그래프

적분하는 구간이 지정되어 있는 적분을
정적분이라고 한다.

## 정적분의 공식

$$\int_a^b f(x)\,dx = \left[F(x)\right]_a^b = F(b) - F(a)$$

※ $\left[F(x)\right]_a^b$ 는 F(x)의 'x = b를 대입한 것'에서

'x = a를 대입한 것'을 빼라는 뜻

# 상수함수를 정적분 해보기

### 직접 손으로 계산해 보는 것이 중요

---

정적분의 계산 방법을 알았으니 실제로 예를 들어 살펴보자. 먼저 계산이 가장 간단한 상수함수를 살펴 보겠다. 지금까지 이미 여러 번 등장했기 때문에 지겹다고 생각할 수 있지만 기본은 중요하므로 확실하게 알고 가자.

여기서는 'x가 5부터 10 사이일 때 f(x) = 10이라는 상수함수'를 적분해 보자. 이 경우 원시함수는 F(x) = 10x가 된다. 앞에서 언급했듯이 이 적분의 의미는 간단하다. 세로가 10인 직사각형의 면적이기 때문이다.

상수함수의 원시함수의 경우 '가로로 신축성이 있는 직사각형', 즉 가로 길이에는 무엇을 대입해도 되는 직사각형이라고 생각해도 된다. 그런 직사각형을 준비하고 큰 직사각형에서 작은 직사각형을 빼면 구하고자 하는 면적이 나온다.

실제로 오른쪽 페이지의 순서에 따라 적분 구간의 오른쪽 숫자를 원시함수에 대입한 것에서 적분 구간의 왼쪽 숫자를 원시함수에 대입한 것을 빼면 답이 도출된다. 이 답은 가로가 5, 세로가 10인 직사각형의 면적과 같다.

또 지금까지의 설명을 통해 알 수 있듯이 이 정적분을 그림으로 나타내도 가로 폭이 5, 세로 폭이 10인 직사각형의 면적임을 알 수 있다. 굳이 적분이라는 어려운 계산을 하지 않아도 '가로 × 세로'의 계산을 통해 면적의 값을 쉽게 알 수 있지만, 여기서는 적분 계산의 이해를 돕기 위해 간단한 예를 들었다.

상수함수 y = 10은 x의 위치에 관계없이
그 값이 항상 10으로 일정하다.

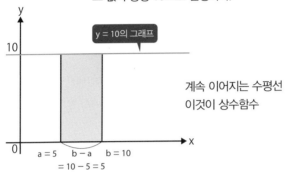

계속 이어지는 수평선
이것이 상수함수

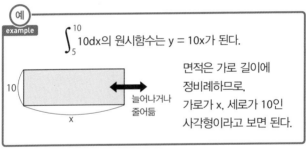

예
example

$\int_5^{10} 10dx$의 원시함수는 y = 10x가 된다.

면적은 가로 길이에
정비례하므로,
가로가 x, 세로가 10인
사각형이라고 보면 된다.

따라서

$$\int_5^{10} 10dx = \left[10x\right]_5^{10} = 10 \times 10 - 10 \times 5 = 50$$

f(x)   F(x)   F(10)   F(5)

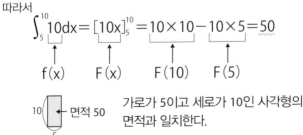

가로가 5이고 세로가 10인 사각형의
면적과 일치한다.

# 일차함수 y = x를 정적분

직각이등변삼각형으로 생각하기

4-6에서 상수함수를 정적분하는 방법을 살펴봤다. 여기서는 일차함수 y = x의 정적분을 알아보자. 적분 구간은 4-6에서와 마찬가지로 'x가 5에서 10사이'로 한다.

일차함수 y = x의 정적분을 그래프를 사용해 나타내면 오른쪽 페이지 위쪽 그림과 같다. 이번 계산의 목적은 하늘색 부분의 면적을 구하는 것이다. 하늘색 부분의 면적은 오른쪽 페이지의 가운데 그림과 같이 직각이등변삼각형을 생각하면 간단하다. 적분 구간의 오른쪽이 되는 한 변 b = 10의 직각이등변삼각형의 면적에서 왼쪽이 되는 한 변 a = 5의 직각이등변삼각형의 면적을 뺀 것이 구하고자 하는 면적이 되기 때문이다.

이 경우 원시함수의 바탕이 되는 면적은 직각이등변삼각형의 면적이다. 변의 길이를 자유롭게 바꿀 수 있는 직각이등변삼각형의 면적, 즉 한 변이 x인 직각이등변삼각형이 원시함수가 된다.

그러면 원시함수는 $F(x) = \frac{1}{2} x^2$이 됨을 알 수 있다. 삼각형의 면적은 세로 길이와 가로 길이를 곱한 값을 절반으로 나누면 되기 때문이다. 이등변삼각형이므로 길이는 가로와 세로 모두 x이다.

원시함수만 알면 나머지는 상수함수의 경우와 마찬가지로 계산 순서만 따라가면 정적분을 할 수 있다. 실제로 계산해 보면 오른쪽 페이지의 아래쪽 그림처럼 $\frac{75}{2}$라는 값이 나온다.

지금까지의 정적분 계산에서는 원시함수를 구할 때 실제 도형을 생각하고 구했다. 물론 적분의 본질을 이해하기 위해서는 중요하지만 매번 도형을 그리기란 번거로운 게 사실이다. 4-8에서는 원시함수를 빠르게 구하는 방법은 없는지 알아보자.

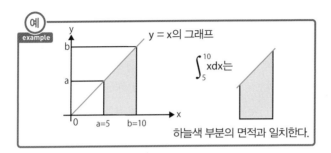

일차함수 y = x의 정적분

예 example

$y = x$의 그래프

$\int_5^{10} xdx$는

하늘색 부분의 면적과 일치한다.

하늘색 부분의 면적을 그림으로 나타내면

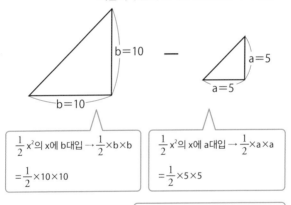

$b=10$ — $a=5$

$b=10$      $a=5$

$\dfrac{1}{2}x^2$의 x에 b대입 $\to \dfrac{1}{2}\times b \times b$

$=\dfrac{1}{2}\times 10 \times 10$

$\dfrac{1}{2}x^2$의 x에 a대입 $\to \dfrac{1}{2}\times a \times a$

$=\dfrac{1}{2}\times 5 \times 5$

원시함수는 $f(x)=\dfrac{1}{2}x^2$ ➡ 한 변의 길이가 x인 직각이등변삼각형의 면적과 같다.

따라서 $\int_5^{10} xdx = \left[\dfrac{1}{2}x^2\right]_5^{10} = \dfrac{10\times 10}{2} - \dfrac{5\times 5}{2} = \dfrac{75}{2}$

하늘색 부분의 면적은 $\dfrac{75}{2}$

# 원시함수를 구하는 공식은 $\frac{1}{n+1} x^{n+1}$

적분의 의미도 잊지 않기

---

지금까지 상수함수와 일차함수의 예를 사용해 정적분을 실제로 계산해 봤다. 적분의 의미를 파악하기 위해 도형의 면적을 가지고 원시함수를 구했는데 이대로는 '계산이 어렵다'는 문제점이 남게 된다.

상수함수와 일차함수 두 가지에 대해 지금까지 구한 원시함수와 그 도형의 의미를 정리해 보면 오른쪽 페이지의 그림과 같다. 이차함수 이상의 함수라도 이와 같은 방식으로 도형의 의미를 생각할 수 있다.

미분과 마찬가지로 적분도 일반적인 공식으로 정리할 수 있다. 바로 4-3에서 미분의 공식을 이용해 역연산해 구한, $x^n$의 원시함수인

$$\frac{1}{n+1} x^{n+1}$$

이다.

$\frac{1}{n+1} x^{n+1}$의 $n$에 0을 대입하면 원시함수는 $x$가 되고, $n$에 1을 대입하면 원시함수는 $\frac{1}{2} x^2$이 되니 이 정도면 맞는 공식이다. 정적분의 형태로만 만들 수 있다면 나머지는 이 공식을 사용해 원시함수를 구하고 거기에 숫자를 대입해 계산할 수 있게 된다.

하지만 공식을 알았다고 해서 지금까지 살펴본 적분의 의미까지 잊어서는 안 된다.

아무 것도 생각하지 않고 공식만 적용해도 계산은 할 수 있다. 하지만 그렇게 되면 새로운 문제에 직면했을 때 스스로 해결할 수 없게 될 것이다.

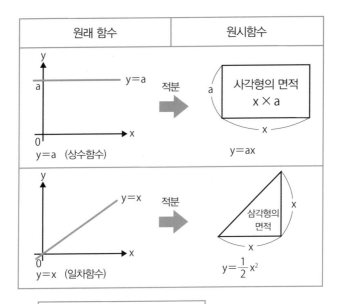

| 원래 함수 | 원시함수 |
|---|---|
| y=a (상수함수) 적분 | 사각형의 면적 x × a  y=ax |
| y=x (일차함수) 적분 | 삼각형의 면적  $y=\frac{1}{2}x^2$ |

원시함수를 구하는 공식

$x^n$의 원시함수는

$$\frac{1}{n+1}x^{n+1}$$

n이 1일 때는
$\frac{1}{2}x^2$이 원시함수가 된다.

# '부정적분'이란?

## 적분 구간을 지정하지 않은 적분

지금까지 살펴본 정적분은 적분 구간이 지정된 적분 계산이다. 오른쪽 페이지의 그림의 하늘색 부분의 면적만 구하는 계산이었던 것이다.

그렇다면 '적분 구간이 지정되지 않은 적분'도 있을까? 결론부터 말하자면 그런 적분이 존재한다.

실제로 적분 구간을 특별히 지정하고 싶지 않은 경우도 있다. 적분한 결과를 또 다른 방법으로 분석하고 싶은 경우 등이 그렇다. 또 '원시함수의 성질을 알고 싶을 때'도 마찬가지다. 이런 경우는 결과가 수치로 나오면 분석에는 적합하지 않다.

그래서 '범위가 지정되지 않은 적분'이라는 개념이 등장하게 된다. 이런 적분은 범위가 정해져 있지 않다고 해서 부정적분이라고 부른다.

정적분의 경우 물론 예외도 있지만 대부분 결과가 수치 혹은 그것을 대신하는 기호로 나온다. 지금까지의 계산 과정을 보면 알 수 있을 것이다. 반면 부정적분의 경우 적분한 결과가 함수로 나오는 것이 특징이다.

부정적분의 계산 순서는 중간까지는 정적분과 동일하지만 원시함수를 구한 다음부터 달라진다. 정적분은 적분 구간 양끝의 값을 원시함수에 대입하는데 반해 부정적분에서는 그런 과정을 거치지 않는다.

부정적분이라고 해도 결국은 원시함수를 구하는 것이 계산의 대부분을 차지하는데, 실은 한 가지 문제가 있다. 그것에 대해서는 4-10에서 살펴보기로 한다.

## 정적분과 부정적분의 차이

정적분이란?

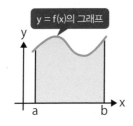

정적분은 범위가 미리 정해진 적분이다.

하지만 범위가 정해지지 않았거나 때에 따라 달라지는 경우에도 적분을 하고 싶다.

범위가 '정해져 있지 않은' 적분이므로 부정적분이라 부른다.

$$\int_a^b f(x)\,dx$$

a부터 b까지의 정적분의 결과는 '수'로 나온다.

$$\int f(x)\,dx$$

특별히 범위를 정하지 않은 부정적분의 결과는 '함수'로 나온다.

이것이 부정적분

# 적분상수 'C'란?

### 상수의 차이를 나타내는 적분상수 'C'

4-9에서는 적분 구간을 지정하지 않은 부정적분이라는 적분 계산을 살펴봤다. 다만 부정적분을 실제로 계산해 보면 한 가지 문제가 생긴다. 오른쪽 페이지에 예로 든 이차함수 $x^2 + 1$, $x^2 + 2$, $x^2 + 3$을 미분해 보자. 1, 2, 3과 같은 상수 부분은 0이 되므로 세 함수 모두 2x라는 결과가 나온다.

이들 함수는 그래프가 좌표 상에 놓이는 위치는 다르지만 곡선의 기울기, 즉 형태 자체는 변하지 않는 것들의 모임이기 때문이다.

여기서 큰 문제가 하나 생긴다. 적분은 미분의 역연산이라는 사실을 떠올려 보자. 반대로 2x를 부정적분하면 답이 하나가 아니라 무수히 나온다. $x^2$항이 들어간 함수들이 모두 답이 되어 버리는 것이다.

정확히 말하면 $x^2 + 1$과 같이 상수항이 붙은 함수 전부가 답이 된다. $x^2 + x$와 같은 형태는 답이 되지 않는다. 그런데 답이 하나가 아니라면 계산하는 사람이 마음대로 답을 선택할 수 있게 되고, 그렇게 되면 '누가 계산해도 답은 똑같다'는 수학의 기본이 흔들리고 만다.

그래서 답이 상수만큼 차이 나는 것에 주목해 이들 함수 사이의 상수만큼의 차이를 일단 'C'라는 나타낸다. 이것을 적분상수라고 부른다.

## 적분상수의 의미

$y = 2x$의 원시함수 $y = x^2$

$y = x^2$를 미분하면 $y = 2x$가 된다.

**그런데**

$x^2 + 1$
$x^2 + 2$
$x^2 + 3$

이 함수들을 미분하면
모두 $2x$가 되어 버린다.
1이나 2와 같은 '상수'는
미분하면 0이 되기 때문이다.

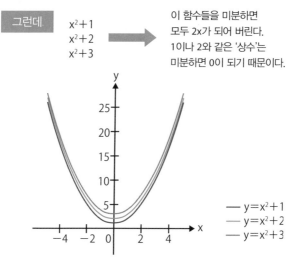

$y = x^2 + 1$
$y = x^2 + 2$
$y = x^2 + 3$

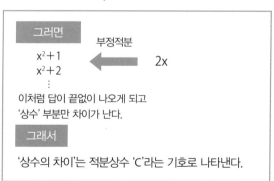

**그러면**

부정적분

$x^2 + 1$
$x^2 + 2$
$\vdots$

$2x$

이처럼 답이 끝없이 나오게 되고
'상수' 부분만 차이가 난다.

**그래서**

'상수의 차이'는 적분상수 'C'라는 기호로 나타낸다.

# 미분하면 잃게 되는 정보 한 가지

잃어버린 정보를 보충하는 것이 적분상수 'C'

4-10에서 알아본 것처럼 부정적분으로 원시함수를 구할 때 상수 부분의 차이가 생기는 것은 피할 수 없다.

오른쪽 페이지와 같이 f(x)의 원시함수를 F(x)로 두었을 경우, F(x) + 1도 F(x) + 2도 미분하면 1이나 2와 같은 상수가 0이 되므로 모두 f(x)가 된다. 미분이 함수의 기울기를 구하는 것에만 활용되는 계산이기 때문이다.

미분을 함으로써 함수를 분석할 수 있지만 그 대신 정보를 한 가지 잃게 되는 셈이다.

그래서 이 상수 부분을 모아 'C'라는 기호로 표시해 부정적분의 모임을 나타낸다. 이 C가 적분상수이다. 수학에서는 보통 확실히 알지 못하는 것은 기호로 대체해서 나타낸다. 예를 들어 '한없이 작다'는 것을 뜻하는 'dx'도 미적분에서 빼놓을 수 없는 기호이다. 수학적으로 약속한 사항이기 때문에 기호로 통용해 쓸 수 있는 것이다.

이제 부정적분을 계산하는 방법을 알아보자. 원시함수에 적분상수 C를 더하면 된다. 다만 이 경우 C가 적분상수임을 명시해야 한다.

지금까지 '원시함수는 하나로 결정된다'고 설명했는데 중요한 것은 원시함수도 부정적분의 결과 중 하나라는 것이다. 계산할 때는 신경 쓰지 않아도 되지만 염두에 두도록 하자.

원래의 함수 f(x)와 원시함수 F(x)는
F'(x) = f(x)의 관계에 있다.

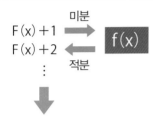

$$F(x) + 1$$
$$F(x) + 2$$
$$\vdots$$

미분
$$f(x)$$
적분

이것을 정리해
F(x) + C (C는 적분상수)
라고 쓴다.

즉, 부정적분일 때의 계산 방법은

$$\int f(x)\, dx = F(x) + C \quad (C는 적분상수)$$

가 된다.

수학에서는 C와 같은 기호를 사용할 때
기본적으로 그 기호가 무엇을 의미하는지를
명시해야 한다.

# 정적분에서 적분상수 'C'가 필요없는 이유

상쇄되어 버리는 적분상수 'C'

지금까지의 설명을 통해 정적분과 부정적분의 차이는 이해했을 것이다. 하지만 나중에 나온 적분상수 부분에서는 혼란스러웠을지도 모른다. 적분상수는 정적분에서는 전혀 나오지 않았다. 그럼 정적분에서는 적분상수가 없어도 되는 것일까?

결론부터 말하자면 정적분의 계산에서는 적분상수, 즉 상수부분의 차이를 생각할 필요가 없다. 원시함수만 하나 생각해 내면 충분한데 그 이유는 무엇인지 알아보자.

먼저 오른쪽 페이지의 수식을 보자. 이 수식은 정적분인데 원시함수에 적분상수 C를 넣었다. 이 수식을 계산하면 적분 구간의 숫자를 대입하고 뺄 때 적분상수 C가 상쇄된다는 것을 알 수 있다.

수식만 봐서는 이해가 잘 가지 않는다면 오른쪽 페이지에 나타낸 실제 도형을 가지고 생각해 보자.

상수함수의 적분에서 '적분된 결과는 사각형이고, 큰 부분에서 작은 부분을 빼면 구하고자 하는 부분'이라고 하며 정적분을 이해했다. 여기에 '적분상수를 반영시킨다'는 말은 기준이 되는 원점의 위치를 바꾼다는 것과 같다. 오른쪽 페이지의 그림의 원점을 원래의 위치에서 '왼쪽으로 이동하는' 것이다.

사각형의 면적이 커진 것처럼 보이지만, 빼는 쪽의 사각형도 똑같이 커지기 때문에 결국은 적분상수를 고려하기 전과 같다. 이처럼 그림을 통해서도 정적분에는 적분상수가 필요 없다는 사실을 알 수 있다.

$$\int_a^b f(x)\,dx = [F(x)+C]_a^b$$
$$= \{F(b)+C\} - \{F(a)+C\}$$
$$= F(b)-F(a) \underline{+C-C}$$
$$= \underline{F(b)-F(a)}$$

정적분의 공식

상쇄되어 버린다.

실제로 해본다.

폭이 10cm인 사각형인 경우 $\int_5^{10} 10\,dx$를 생각해 보자.

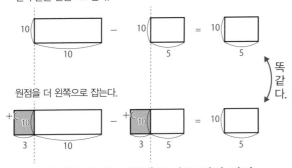

왼쪽 끝을 원점으로 한다.

원점을 더 왼쪽으로 잡는다.

똑같다.

'면적을 취하는 위치'를 바꾼 것과 같다.
튀어나온 파란 부분이 'C'의 차이에 해당한다.

# 적분 계산을 총정리

## 정적분과 부정적분의 계산의 차이

지금까지 정적분과 부정적분에 대해 알아봤다. 이로써 적분 계산의 기초는 확실히 잡혔을 것이다. 여기서 일단 지금까지 배운 내용을 정리해 보도록 하자.

먼저 적분을 할 때는 주어진 함수가 미분되기 전의 원래 함수를 구했다. 이것을 원시함수라 불렀다. 원시함수를 구하는 적분의 공식은 미분의 공식을 통해서 구할 수 있었다. 자세한 방법은 4-3을 참고하자.

원시함수를 구한 다음에는 적분의 구체적인 계산에 들어갔다. 적분에는 적분 구간이 정해진 정적분과 적분 구간을 정하지 않은 부정적분, 두 종류가 있었다.

적분 구간이 정해진 정적분을 계산할 때는 원시함수를 구한 뒤 적분 구간의 오른쪽 끝의 수를 대입한 것에서 왼쪽 끝의 수를 대입한 것을 빼면 값을 산출할 수 있었다.

이 계산을 그림으로 나타내면 오른쪽 페이지의 그래프에서 하늘색 부분의 면적을 구하는 것과 같다. 즉 함수의 그래프와 x축, 그리고 적분 구간의 양쪽 끝을 나타내는 직선으로 둘러싸인 부분의 면적에 해당한다.

한편 적분 구간을 지정하지 않은 부정적분을 계산하면 정적분과 달리 결과가 함수로 나온다. 또 상수 부분의 차이가 생기므로 적분상수 'C'라는 기호를 추가하고 그 기호가 '의미하는 바'를 명시한다.

참고로 조건만 주어져 있다면 이 적분상수를 구체적인 숫자로 나타낼 수도 있지만 이 책에서는 조건이 주어진 경우까지는 다루지 않는다. 여기까지가 적분 계산을 하는 데 필요한 기본사항이다.

## 적분의 계산 방법 정리

함수 : $y = f(x)$의 적분

### 원시함수

$F'(x) = f(x)$가 되는 $F(x)$

공식으로 구한다.  $f(x) = x^n$  ➡  $F(x) = \dfrac{1}{n+1} x^{n+1}$

### 정적분

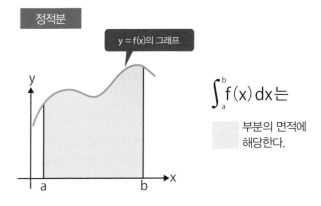

y = f(x)의 그래프

$\displaystyle\int_a^b f(x)\,dx$ 는

부분의 면적에 해당한다.

원시함수 $F(x)$를 구한 다음

### 부정적분

$$\int f(x)\,dx = F(x) + C \ \ (C는 적분상수)$$

※ 실제로 조건이 주어져 있다면
    C의 값을 구체적으로 정할 수 있다.

# 적분으로 그릇의 부피를 계산해 보기

## 적분은 회전체의 부피 계산에 '유용'

적분 계산의 기초를 알았으니 이제 적분 계산을 어떤 상황에서 활용할 수 있는지 구체적인 예를 살펴보자.

도자기는 받침대가 회전하는 물레를 사용해 점토나 흙으로 빚고 가마에서 구워 완성한다. 오른쪽 그림과 같은 형태의 그릇 역시 이런 과정을 거쳐 만든다.

그런데 이런 모양을 한 그릇은 수학적인 관점에서 보면 무척 흥미로운 도형이다. 기본적으로 이 그릇의 형태는 매끄럽고, 심한 단차가 없을뿐 아니라 단면은 어느 각도에서 봐도 같은 모양이다. 물레로 빙글빙글 돌리며 만듦으로 당연하다고 여길 수도 있지만 수학에서는 이것이 중요한 관점이 된다.

만약 이 그릇을 세로로 자르면 단면은 어떤 모양일까? 오른쪽 페이지의 그림은 그 단면을 나타낸 것이다. 물레의 중심 부분을 축으로 좌우대칭을 이루고 있고 중심을 축으로 회전시키면 다시 원래 그릇의 형태가 된다.

이와 같이 수학에서는 어떤 도형을 중심축을 기준으로 회전시켰을 때 생기는 입체 도형을 가리켜 회전체라고 한다. 이 회전체의 부피는 적분의 계산을 이용하면 비교적 쉽게 구할 수 있다.

그럼, 이 그릇에 물을 가득 채우면 그 부피는 얼마나 될까?

회전체란?

물레로 만든 그릇 안에는
물이 얼마나 들어갈까?

그릇의 단면도=세로로 잘랐을 때의 상태

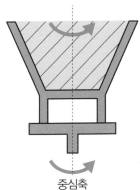

중심축

중심축을 기준으로
회전시키면 입체 도형이 된다.

회전체라고 한다.

적분을 이용하면 회전체의 부피를
쉽게 구할 수 있다.

# 함수로 그릇의 형태를 나타내기

함수로 나타내면 적분이 가능

'이 그릇에 물이 얼마나 들어가는지'를 구하기 위해서는 먼저 그릇의 구조부터 파악해야 한다. 함수로 나타낼 수 없다면 적분으로도 계산할 수 없기 때문이다.

이 그릇은 세로로 두고 보면 구조를 파악하기 어려우므로 오른쪽 페이지의 그림처럼 옆으로 눕혀서 생각해 보자. 물은 윗부분에만 들어가기 때문에 불필요한 아랫부분을 생략하면 의외로 단순한 형태가 된다. 이 그릇의 단면은 사선으로 일직선이다.

이 상태의 그림만 보고 함수를 떠올리기는 어려울 수도 있지만 단면도를 자세히 들여다보면 이 직선은 $y = x + 1$이라는 일차함수임을 알 수 있다. 즉, 이 그릇의 x의 위치에서의 단면은 반지름이 $x + 1$인 원이 된다.

과학기술이 발달한 지금은 이런 그릇을 자동화 기계로 만드는 경우도 있다. 자동화 기계로 만들면 같은 품질의 그릇을 한꺼번에 대량생산할 수 있기 때문이다.

하지만 자동화 기계는 '이 수식에 따라 모양을 만드시오'라고 명령을 내리지 않으면 작동하지 않는다. 미적분의 계산은 이럴 때 그 역할을 한다.

미적분을 사용하면 설계자가 어느 만큼의 물이 들어가는 그릇으로 만들지를 미리 정하고 그 수식을 자동화 기계가 실행하도록 할 수 있다.

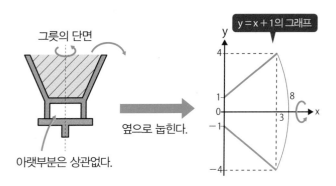

그릇의 단면

$y = x + 1$의 그래프

옆으로 눕힌다.

아랫부분은 상관없다.

물레를 돌리는 행위는 수학적으로 보면
'x축을 중심으로 회전시키는' 것과 같다.

그릇 안의 치수는 $f(x) = x + 1$의 그래프로 나타낼 수 있다.

즉, 오른쪽 그래프에서
x의 위치에서는 $f(x)$가 그릇의
'반지름'이 된다.

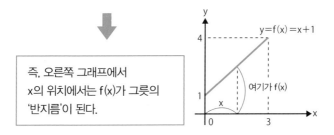

$y = f(x) = x + 1$

여기가 $f(x)$

# 적분으로 그릇의 부피를 구하기

### 한없이 얇은 '원판'을 더하는 방법

4-15에서는 그릇의 단면의 함수 $y = x + 1$을 알아봤다. 이 장에서는 이어서 부피와 적분의 관계에 대해 설명하겠다.

제3장에서는 적분을 면적으로 파악해서 설명했다. 기억하고 있을 지 모르겠지만 '적분되는 함수는 사실 부피, 이동한 거리 등의 여러 의미를 가질 때가 있으며 그에 따라 적분의 의미가 달라진다'고 했었다.

여기서 구하고자 하는 것은 부피이므로 면적일 때와 마찬가지로 x 방향으로 쪼개 생각해 보자. 면적을 구할 때는 폭이 한없이 좁은 직사각형, 즉 직선으로 파악했는데 부피는 어떤 방식으로 생각하면 좋을까?

부피를 구하는 경우 x의 방향으로 한없이 잘게 쪼개면 오른쪽 페이지의 그림과 같이 두께가 한없이 얇은 '원판' 형태가 된다.

이 원판 한 장의 부피는 단면적 $S(x)$에 두께 $dx$를 곱한 것이다. 이것을 적분 구간 사이에서 한없이 많이 더하면 구하고자 하는 부피가 된다. 이를 오른쪽 페이지를 참고하고 적분 기호를 사용해 나타내면 부피 $V = \int_a^b S(x)dx$가 된다.

부피 $V$를 구하기 위해서는 단면적 $S(x)$와 x의 관계를 나타내는 함수를 찾는 것이 중요하며, 그 함수를 적분해서 부피를 알아낼 수 있다

계산에 들어가려면 먼저 '그릇의 단면적을 나타내는 함수'를 구하는 것이 중요하다. 그 함수만 구하고 나면 나머지는 적분 계산만 하면 되기 때문이다.

그럼, 단면적을 나타내는 함수는 어떻게 구할까? 그 방법은 4-17에서 자세히 살펴보도록 하자.

## 한없이 얇은 '원판'을 더하기

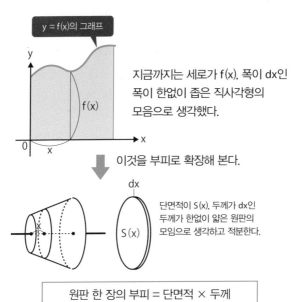

y = f(x)의 그래프

지금까지는 세로가 f(x), 폭이 dx인
폭이 한없이 좁은 직사각형의
모음으로 생각했다.

이것을 부피로 확장해 본다.

dx

단면적이 S(x), 두께가 dx인
두께가 한없이 얇은 원판의
모임으로 생각하고 적분한다.

S(x)

원판 한 장의 부피 = 단면적 × 두께
$$S(x) \times dx = S(x)\,dx$$

x가 a부터 b사이일 때의 값을 '더해야'하므로

부피 $V = \displaystyle\int_a^b S(x)\,dx$

따라서 단면적을 나타내는 함수 S(x)를 구하면 된다.

# 적분의 수식을 세워 보기

## 단면적의 함수 구하기

여기서는 4-16에서 배운 개념을 사용해서 계산을 해 나가자. 먼저 원점에서 x만큼 떨어진 적당한 위치에서 그릇을 잘라 본다. 앞에서도 언급했지만 이 그릇은 물레로 회전시키면서 만들었기 때문에 그 단면은 원이 된다.

원의 반지름이 되는 함수 $y = x + 1$을 $f(x)$로 놓자. 그럼 이 원의 단면적, 즉 이 그릇의 x에서의 단면적은 원의 면적을 구하는 공식인 '$\pi r^2$'(원주율 $\pi \times$ 반지름$^2$)에 따라 $\pi \times \{f(x)\}^2$이 된다.

원주율 $\pi$는 원의 지름에 대한 원주의 비율을 나타내는 상수로, $\sqrt{\phantom{x}}$가 들어간 무리수와 마찬가지로 소수나 분수와 같은 구체적이고 정확한 수로는 나타낼 수 없다. 그래서 원주율은 일반적으로 $\pi$라는 기호로 나타낸다.

보통 근삿값인 약 3.14로 사용하는 경우가 많다. 대략적으로라도 구체적인 숫자를 알고 싶을 때는 마지막에 $\pi$ 대신 3.14를 대입한다. 그렇게 하면 참값과의 오차를 최대한 줄일 수 있다.

다시 원래의 이야기로 돌아오자. 두께가 한없이 얇은 원판 한 장의 부피는 '두께가 dx인 원판'이므로 그 부피를 구하는 식은

$$\pi \times \{f(x)\}^2 \times dx$$

가 된다. 또한 그릇의 x가 0부터 3 사이에 존재하므로 적분 구간도 0부터 3 사이가 된다. 따라서

$$\int_0^3 \pi \{f(x)\}^2 dx$$

라는 정적분이 이 그릇의 부피를 나타내는 계산식이 된다.

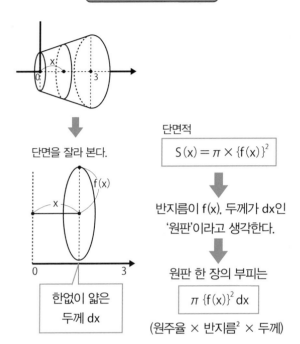

## 적분의 수식을 세우는 순서

단면을 잘라 본다.

한없이 얇은
두께 dx

단면적

$$S(x) = \pi \times \{f(x)\}^2$$

반지름이 f(x), 두께가 dx인
'원판'이라고 생각한다.

원판 한 장의 부피는

$$\pi \{f(x)\}^2 dx$$

(원주율 × 반지름$^2$ × 두께)

이것을 x = 0부터 x = 3까지의 범위에서 한없이 더한다.

즉,
$$\int_0^3 \pi \{f(x)\}^2 dx$$
가 구하고자 하는 부피가 된다.

# 적분 계산도 하나씩 가능

적분의 공식에도 사용할 수 있는 분배 법칙

4-17에서 그릇의 단면적의 함수를 구했다. 이로써 적분되는 함수가 나온 것이다. 이제 순서에 따라 정적분을 계산하기만 하면 된다.

적분 계산의 기본에 대해서는 앞에서 대략 설명했지만 극한 계산과 미분 계산에서도 설명한 적 있는 적분 계산의 법칙에 대해 조금 더 알아보자.

우선 극한과 미분 계산에서도 적용 가능했던 분배 법칙 'a × (b + c) = a × b + a × c', '(a + b) × c = a × c + b × c'는 적분 계산에도 적용할 수 있다. 상수배가 들어 있는 경우라면 적분해서 나온 원시함수도 상수배로 만들면 되고, 다항식의 적분이라면 오른쪽 페이지처럼 하나씩 적분 계산을 한 뒤 결과를 모두 더해도 된다.

한편 그릇의 계산과 직접적인 관련은 없지만 부정적분에서 주의해야 할 점이 있다. 다항식의 적분을 하나씩 계산할 때 각각 적분상수가 필요하다고 생각할 수도 있다. 하지만 상수 부분은 모두 더해도 결국 구체적인 숫자로 지정할 수 없으므로 적분상수인 채로 남게 된다. 따라서 다항식의 부정적분을 구할 때는 적분상수를 대표적으로 하나만 더하면 된다.

적분할 단면적의 함수는 아직 f(x)의 형태였지만 계산을 해보면 다항식의 적분이 된다. 4-19에서는 드디어 정적분을 계산해 보겠다.

$$\int_0^3 \pi \{f(x)\}^2 \, dx = \int_0^3 \pi (x+1)^2 \, dx$$

를 계산하면

$$\int_0^3 \pi (x^2 + 2x + 1) \, dx$$

가 된다.

극한이나 미분 계산과 마찬가지로 적분도
'상수배'나 '하나씩 계산'이 가능하다.

따라서

$$\int (af(x) + bg(x)) \, dx$$
$$= a \int f(x) \, dx + b \int g(x) \, dx$$

하나씩 적분할 수 있다.

예
example

$$\int (2x^2 + 1) \, dx = 2 \int x^2 \, dx + \int dx$$

적분의 공식을 사용한다.

$$= 2 \times \frac{1}{3} x^3 + x + C$$
$$= \frac{2}{3} x^3 + x + C$$

C는 적분상수

적분상수 C는 하나만 나타내도 된다.

# 그릇의 부피를 계산해 구하기

## 먼저 식부터 전개

적분의 계산 법칙도 배웠으니 이제 정적분 계산을 해보자. 먼저 식을 전개한다. 원주율 $\pi$는 상수이므로 앞으로 빼두고 나중에 곱하기로 한다. 그러면 다음과 같이 3개의 항으로 이루어진 다항식

$$x^2 + 2x + 1$$

이 나온다. 앞에서 배운대로 3개의 항을 하나씩 계산하면 오른쪽 페이지처럼 원시함수가 나온다. 여기까지 왔다면 대입한 수치를 실수하지 않고 계산하는 일만 남았다. 계산해서 나온 원시함수에 적분 구간의 오른쪽 끝인 $x = 3$을 대입한 것에서 왼쪽 끝인 $x = 0$을 대입한 것을 빼면 21 − 0 에서 21이 된다. 여기에 조금 전에 제외해 둔 원주율 $\pi$를 곱하면 답이 나온다.

이렇게 계산하면 21$\pi$라는 값이 나온다. 원주율을 3.14로 하고 숫자의 단위를 cm라고 하면, 이 그릇에 들어가는 물의 양은 약 0.066L(리터)가 된다.

지금까지 '그릇의 부피'라는 예를 사용해 정적분을 계산해 봤다. 적분의 계산은 의미는 파악하기 쉽지만 계산은 이해하기 어렵고 결과가 비교적 허무하다는 것을 알게 되지 않았을까?

$$\int_0^3 \pi \{f(x)\}^2 dx = \int_0^3 \pi \underline{(x+1)^2} dx$$

$$(x+1) \times (x+1)$$
$$= x^2 + 2x + 1$$

$$= \pi \int_0^3 (x^2 + 2x + 1) dx$$

적분은 하나씩 가능하므로

$x^2 \quad 2x \quad 1$

적분

$$= \pi \left[ \frac{1}{3} x^3 + x^2 + x \right]_0^3$$

$$= \pi \left\{ \left( \frac{1}{3} \times 3 \times 3 \times 3 + 3 \times 3 + 3 \right) - 0 \right\}$$

$$= \pi (9+9+3)$$

$$= 21\pi$$

$\pi$를 3.14라고 하면 약 65.94

cm단위라면 약 0.066L의 물이 들어간다.

# 측도론을 구축한
# '르베그 적분'의 르베그

서점에서 미적분이나 해석학 코너에 들르면 '르베그 적분'이라는 글자가 들어간 도서를 여러 권 볼 수 있을 것이다. 프랑스 출신의 앙리 르베그(1875~1941년)는 '길이란 무엇인가', '면적이란 무엇인가'에 대해 철저하게 연구한 끝에 '사물 측정의 궁극적인 이론'인 '측도론'을 구축했다.

이것을 바탕으로 만들어진 것이 '르베그 적분'이다. 이 르베그 적분은 고등학교나 대학교에서 배우는 리만 적분을 확장한 적분으로 여겨지며, 현대 수학에서는 빼놓을 수 없는 중요한 이론이다.

미적분법의 창시자라고 하면 영국 출신의 아이작 뉴턴(1643~1727년)을 가장 먼저 떠올릴 것입니다. 하지만 유럽 대륙에서는 고트프리트 라이프니츠(1646~1716년) 역시 독자적인 접근법으로 미적분법을 발명했기 때문에 우선권을 놓고 논쟁이 벌어지기도 했습니다.

그러나 그 후 기호 및 체계가 정리되면서 뉴턴 체계의 미적분이 아닌 라이프니츠 체계의 미적분이 주류가 되었고, 현재까지 이어져 오고 있습니다.

이 글을 쓰기 전에 오랜만에 뉴턴의 전기를 몇 권 읽었는데 다시금 깨닫게 된 점이 많았습니다. 또 뉴턴이 수학과 물리학 같은 여러 분야에서 새로운 발견을 하는 과정에서 있었던 두 가지 비밀을 발견했지요.

하나는 소년 시절 가족의 농장 일을 돕기 위해 학교를 2년가량 쉬었다는 것입니다. 이 공백기에 농사를 도우면서도 독서와 관찰을 통해 머리와 손을 움직이며 다양한 시도를 한 것이 훗날 뉴턴의 기초를 마련했다고 생각합니다.

더 흥미로운 것은 그가 케임브리지 대학 트리니티 칼리지에 재학 중이던 1665년의 일입니다. 흑사병의 유행으로 학교가 폐쇄되면서, 뉴턴은 이때도 2년 정도 고향에 돌아가 있었다고 합니다. 이미 잘 알려져 있듯이 뉴턴은 이 두 번째 공백기에 그의 3대 업적이라 불리는 미적분법, 만유인력의 법칙, 빛의 스펙트럼 분석의 단서를 알아냈습니다.

이만한 성과를 올렸으니 '공백'이라고 표현해도 될지 모르겠네요.

이 두 차례의 공백기야말로 뉴턴이 엄청난 마술과도 같은 업적을 이루는 데 필요했던 숨겨진 비밀이 아닐까요?

요코하마 모토마치의 화랑 찻집에서 곤노 노리오

## 주요 참고 도서

アンリ・ルベーグ. (1976). 量の測度. みすず書房.

E. T. ベル. (1962). 数学をつくった人びとⅡ. 東京図書.

E. T. ベル. (1963). 数学をつくった人びとⅢ. 東京図書.

スーチン. (1977). ニュートンの生涯. 東京図書.

髙木貞治. (1933). 近世数学史談. 共立出版.

阿部恒治, 藤岡文世. (1994). マンガ・微積分入門. 講談社.

エス・イ・ヴァヴィロフ. (1958). アイザク・ニュートン. 東京図書.

森 毅. (1991). 魔術から数学へ. 講談社.

# 하루 한 권, 미적분

초판 인쇄 2023년 4월 28일
초판 발행 2023년 4월 28일

지은이  곤노 노리오
옮긴이  일본콘텐츠전문번역팀
발행인  채종준

출판총괄  박능원
국제업무  채보라
책임번역  김예진
책임편집  권새롬·김민정
디자인  김예리
마케팅  문선영·전예리
전자책  정담자리

브랜드  드루
주소  경기도 파주시 회동길 230 (문발동)
투고문의  ksibook13@kstudy.com

발행처  한국학술정보(주)
출판신고  2003년 9월 25일 제406-2003-000012호
인쇄  북토리

ISBN 979-11-6801-267-0 04400
      979-11-6801-178-9 (세트)

드루는 한국학술정보(주)의 지식·교양도서 출판 브랜드입니다.
세상의 모든 지식을 두루두루 모아 독자에게 내보인다는 뜻을 담았습니다.
지적인 호기심을 해결하고 생각에 깊이를 더할 수 있도록, 보다 가치 있는 책을 만들고자 합니다.